职业教育新目录、新技术、新形态系列教材
职业教育餐饮类专业系列教材

U0199041

现代西点制作（上册）
饼点与蛋糕制作

主 编　代玉华　李雪媛

电子工业出版社
Publishing House of Electronics Industry
北京·BEIJING

内容简介

本书由两个分册组成,上册介绍饼点与蛋糕制作,包括 7 个项目,分别为西点概述、混酥类点心、饼干类点心、蛋糕类点心、泡芙类点心、冷冻甜品、清酥类点心;下册介绍现代面包制作,包括 6 个项目,分别为软质面包、硬质面包、松质面包、脆皮面包、创意三明治、世界各国特色面包。本书内容丰富、结构完整、图文并茂,并配有同步教学视频,实用性强。

本书适合作为中等职业学校、五年制高等职业学校西餐烹饪专业的教学用书,也可以作为参加相关岗位培训人员的参考用书。

图书在版编目(CIP)数据

现代西点制作. 上册,饼点与蛋糕制作 / 代玉华,李雪媛主编. —北京:电子工业出版社,2024.5

ISBN 978-7-121-47920-5

Ⅰ.①现… Ⅱ.①代… ②李… Ⅲ.①西点—制作 Ⅳ.① TS213.23

中国国家版本馆 CIP 数据核字(2024)第 102090 号

责任编辑:王志宇
印　　刷:天津千鹤文化传播有限公司
装　　订:天津千鹤文化传播有限公司
出版发行:电子工业出版社
　　　　　北京市海淀区万寿路 173 信箱　　　邮编:100036
开　　本:880×1230　1/16　　印张:14.5　　字数:325 千字
版　　次:2024 年 5 月第 1 版
印　　次:2024 年 10 月第 2 次印刷
定　　价:58.00 元(上、下册)

凡所购买电子工业出版社图书有缺损问题,请向购买书店调换。若书店售缺,请与本社发行部联系,联系及邮购电话:(010)88254888,88258888。

质量投诉请发邮件至 zlts@phei.com.cn,盗版侵权举报请发邮件至 dbqq@phei.com.cn。

本书咨询联系方式:(010)88254523,wangzy@phei.com.cn。

本书编写委员会

技术指导：曹继桐

主　　编：代玉华　李雪媛

副 主 编：左　欣　段志禹　郭禹婷

编写人员：郝致忠　孙　鹏　王巍烨　赵婉婷

　　　　　薛景昆　张皓森　刘　扬

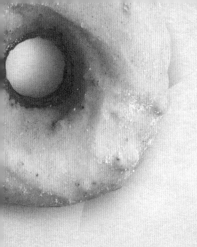

前　言

　　本书是中等职业学校西餐烹饪专业核心课程改革的新教材。

　　党的二十大报告明确提出，"全面贯彻党的教育方针，落实立德树人根本任务，培养德智体美劳全面发展的社会主义建设者和接班人"，"在全社会弘扬劳动精神、奋斗精神、奉献精神、创造精神、勤俭节约精神，培育时代新风新貌"。本书结合酒店西点厨房中的饼房和面包房岗位，设计了《饼点与蛋糕制作》及《现代面包制作》两个分册的学习项目和任务，在内容设计上突出一个"新"字，注重技术创新与当下网红产品的更新。本书突出"做中学"和"学中做"，将专业理论知识与技术技能有机结合，激发学生的学习兴趣。

　　本书重点关注学生的特点和行业要求，从西点制作的知识体系到各项目的实训操作，都有着完整的体例，集知识性、逻辑性、可操作性于一体。实训操作内容以项目教学为主线，阐述了西点制作的基本技术与工艺流程，使学生通过系统学习掌握制作饼点与蛋糕和面包的操作技能及创新意识，从而为胜任烘焙企业西点饼房和面包房岗位打下扎实的基础。

　　本书的编写以学生的发展为目标，利用丰富的资源，采用灵活多样的教学形式，重在培养学生的团队合作意识、创新意识、安全意识、责任意识、卫生标准意识等，潜移默化地提升学生的职业素养。本书实训涉及的面点品种在内容上不断创新，更加符合现代教学的需求。

　　本书分为《饼点与蛋糕制作》和《现代面包制作》两个分册。

　　《饼点与蛋糕制作》中，项目1 西点概述、项目5 泡芙类点心的文字部分由段志禹完成，项目2 混酥类点心、项目4 蛋糕类点心的文字部分由左欣完成，项目3 饼干类点心的文字部分由薛景昆完成，项目6 冷冻甜品的文字部分由刘扬完成，项目7 清酥类点心的文字部分由郭禹婷完成；项目2混酥类点心、项目6冷冻甜品的视频部分由郭禹婷完成，其余项目

的视频部分均由代玉华完成。

　　《现代面包制作》中，项目 1 软质面包中任务 1.1 和任务 1.4 的文字部分由赵婉婷完成，项目 5 创意三明治的文字部分由张皓森完成，项目 6 世界各国特色面包中任务 6.1 的文字部分由郝致忠完成，其余文字部分均由李雪媛完成；项目 1 软质面包的视频部分由李雪媛完成，其余项目的视频部分均由北京市摸鱼文化传媒有限公司王巍烨完成。

　　在本书编写过程中，编者参阅了大量专家、学者的相关文献及网络资源，同时还得到了北京市曹继桐烘焙艺术馆曹继桐大师和孙鹏女士、世界面包大使团（中国区）罗明中先生、新疆生产建设兵团兴新职业技术学院王黎先生、广东省阳江市安心食光蛋糕店曾志丹女士的大力协助与支持，他们为本书提供了世界面包大赛的标准及部分产品的图片，在此一并表示感谢。

　　由于编者水平和时间有限，书中难免存在不足之处，敬请行业专家、同行及广大读者批评指正，以便我们再版时修改完善。

编　者

目 录

项目 1 西点概述

项目导入

西点，即西式面点。作为西方食品的杰出代表，其以外形美观、营养丰富、口味鲜美等特有的魅力吸引着越来越多的人，人们还常常把西点作为礼物赠予亲友。随着人们生活水平的提高，生活方式和生活节奏的改变等，西点业在国内的发展前景越来越广阔。

本项目分为 2 个任务，了解西点的概念与发展概况、掌握西点的分类与特点，让同学们通过学习，能对西点有初步的认识。

任务 1.1 了解西点的概念与发展概况

1. 任务目标

（1）了解西点的概念。

（2）了解西点的发展概况。

2. 知识学习

1）西点的概念

西点业在西方通常被称为烘焙业，在欧美十分发达。现代西点的主要发源地是欧洲。西点熟制的方法主要是烘焙，英文表示为 Baked Food，即烘焙食品的意思。西点主要是指来源于欧美国家的点心。它是以面粉、糖、油脂、鸡蛋和乳品为主要原料，辅以干鲜水果和调味品，经过调制、成形、成熟、装饰等工艺过程制成的具有一定色、香、味、形的营养食品。

2）西点的发展概况

西点是西方饮食文化中的一颗璀璨明珠，在世界上享有很高的声誉。

西点制作在英国、法国、西班牙、德国、意大利、奥地利、俄罗斯等国家已有相当长的历史，并取得了显著的成就。

据史料记载，古埃及、古希腊和古罗马就已经开始制作面包和蛋糕了。古埃及的一幅绘画展示了公元前 1175 年底比斯城的宫廷焙烤场面。

当时，普通市民用做成动物形状的面包和蛋糕来祭祀，这样就不必用活的动物了。一些富人还捐款作为基金，以奖励那些在烘焙品种方面有所创新的人。

据统计，当时面包和蛋糕的品种达 16 种之多。现在人们知道的英国最早的蛋糕是一种被称为"西姆尔"的水果蛋糕，据说它来源于古希腊，表面装饰的 12 个杏仁球代表罗马神话中的众神。今天欧洲有些地方仍用它来庆祝复活节。

初具现代风格的西点大约出现在欧洲文艺复兴时期，不但革新了早期的制作方法，而且品种不断增加。当时烘焙业已成为独立的行业，进入了一个新的繁荣时期。

大约在 17 世纪，起酥类点心（清酥类点心）的制作方法进一步完善，并开始在欧洲流行。

18 世纪，磨面技术的改进为面包和其他西点提供了质量更好、种类更多的面粉。这些都为西点的现代化生产创造了有利条件。

到了 19 世纪，在西方政体改革、近代自然科学和工业革命的影响下，西点烘焙业发展到了一个崭新的阶段。

同时，西点从作坊式的生产发展为现代化的工业生产，并逐渐形成了一个完整和成熟的体系。

当前，烘焙业在欧美十分发达，西点制作不仅是烹饪的组成部分，还是独立于西餐烹调之外的一个庞大的食品加工行业，是西方食品工业的主要支柱之一。

西点属于西方人的主食，真正进入中国市场是在 20 世纪 80 年代。随着人们生活水平的逐步提高，西点越来越受到消费者的青睐。国内西点业呈现出健康、快速、可持续发展的良好态势，总规模稳步增长。

未来 30 年，西点市场仍将保持持续发展的态势，二三线城市的西点市场容量的增长速度可接近 30%，且不断向四线城市及农村市场渗透。

3. 任务导入

通过初步学习西点的概念与发展概况，能够用自己的语言进行简单介绍。

4. 任务实施

（1）分小组，通过自主学习，用思维导图的形式将西点的概念与发展概况在白纸上进行展示。

（2）小组内的每个人都要对制作的思维导图进行解说，介绍西点的概念与发展概况。

（3）各小组派代表作为讲解员，向其他小组的成员进行思维导图的解说，小组内别的成员轮流到其他小组聆听讲解。

（4）各小组讨论西点从业人员应该遵循的职业素养有哪些，在制作西点时要注意哪些职业规范，并派代表进行介绍。

5. 任务评价

通过本任务的学习，填写任务评价表，如表 1-1 所示。

表 1-1　任务评价表

项　目	自 我 评 价			小 组 评 价	教 师 评 价
	A	B	C		
内容正确					
语言表达流畅					
语速语调适中					

6. 学习与巩固

（1）西点主要是指来源于_____国家的点心。它是以面粉、_____、_____、_____和乳品为主要原料，辅以_____和调味品，经过调制、成形、_____、装饰等工艺过程制成的具有一定色、香、_____、_____的营养食品。

（2）_____世纪，_____技术的改进为面包和其他西点提供了质量更好、种类更多的面粉。这些都为西点的现代化生产创造了有利条件。

任务 1.2　掌握西点的分类与特点

1. 任务目标

（1）掌握西点的分类。

（2）掌握西点的特点。

2. 知识学习

常见的西点分为混酥类、饼干类、蛋糕类、泡芙类、冷冻甜品类、清酥类、巧克力类、面包类及装饰造型类9种，都是以面粉、糖、油脂、鸡蛋和乳品为主要原料，并经过一系列工艺过程而制成的食品。因地区和民族不同，制作方法千变万化，所以西点的分类目前尚未有统一的标准。

1）西点的分类

虽然西点的分类目前尚未有统一的标准，但在行业中常见的有以下几种。

（1）按照点心温度，西点可分为常温点心、冷点心、热点心。

（2）按照用途，西点可分为零售点心、宴会点心、酒会点心、自助餐点心、茶点。

（3）按照加工工艺及配料性质，西点可分为混酥类、饼干类、蛋糕类、泡芙类、冷冻甜品类、清酥类、巧克力类、面包类等。这种分类概括性强，基本上包含了所有西点。

2）西点的特点

（1）西点用料讲究、营养丰富。无论是哪种西点，其面坯、馅料、装饰、点缀等用料都有各自的选择标准，各种原料之间都有适当的比例，而且大多数原料要求称量准确。

西点多以面粉、糖、油脂、鸡蛋和乳品等为常用原料，其中糖、油脂、鸡蛋的比例较大，而且配料中干鲜水果、果仁、巧克力等的用量大。这些原料中含有丰富的蛋白质、脂肪、糖、维生素等人体健康必不可少的营养素，因此西点具有较高的营养价值。

（2）工艺性强，成品美观、精巧。西点的制作工艺具有工序繁、技法多（主要有捏、揉、搓、切、割、抹、裱型、擀、卷、编、挂等），注重温度和卫生等特点，成品多有点缀、装饰等，能给人以美的享受。

每件西点都是一件艺术品，每步操作都体现着厨师的技艺水平。如果脱离了艺术性和审美性，西点就失去了自身的价值。西点从造型到装饰，每个图案和线条都清晰可辨、简洁明快，让人赏心悦目，食用者可以一目了然地领会到厨师的创作意图。例如，制作一款婚礼蛋糕，首先要考虑它的结构安排，考虑每一层之间的比例关系；其次考虑色调搭配，尤其是在装饰时要用西点的特殊艺术手法，从而用蛋糕烘托出纯洁、甜蜜的新婚气氛。

（3）味道清香、口感甜咸酥松。

西点不仅营养丰富、造型美观，还具有品种多、应用范围广、味道清香、口感甜咸酥松等特点。

在西点中，无论是冷点心还是热点心，无论是甜点心还是咸点心，都具有味道清香的特点，这是由西点的原料所决定的。清香的味道来自两方面：原料自身具有的味道和加工制作合成的味道。

西点中的甜点心以蛋糕为主，有 90% 以上的蛋糕要加糖，人们饱餐之后再吃些蛋糕，会感觉更舒服。

总之，一道完美的西点应该具有丰富的营养价值、美观的造型、清香的味道与甜咸酥松的口感。

3. 任务导入

通过初步学习西点的分类与特点，能够用自己的语言进行简单介绍。

4. 任务实施

（1）分小组，通过自主学习，用思维导图的形式将西点的分类与特点在白纸上进行展示。

（2）小组内的每个人都要对制作的思维导图进行解说，介绍西点的分类与特点。

（3）各小组派代表作为讲解员，向其他小组的成员进行思维导图的解说，小组内别的成员轮流到其他小组聆听讲解。

5. 任务评价

通过本任务的学习，填写任务评价表，如表 1-2 所示。

表 1-2　任务评价表

项　　目	自 我 评 价			小 组 评 价	教 师 评 价
	A	B	C		
内容正确					
语言表达流畅					
语速语调适中					

6. 学习与巩固

（1）按照加工工艺及配料性质，西点可分为 _____、饼干类、蛋糕类、泡芙类、_____ 类、清酥类、巧克力类、面包类等。这种分类概括性强，基本上包含了所有西点。

（2）西点的制作工艺具有工序繁、技法多（主要有捏、_____、搓、切、割、_____、裱型、_____、卷、编、挂等），注重温度和卫生等特点，成品多有点缀、装饰等，能给人以美的享受。

项目 2　混酥类点心

项目导入

混酥类点心是用黄油、面粉、鸡蛋、糖、盐等原料调和成面团，配以各种辅料、馅料，通过成形的变化、烘烤温度的控制、不同装饰材料的选择等制成的甜咸口味的点心。

混酥类点心的面坯无层次，成品具有酥、松、脆等特点。混酥面团是西点制作中常见的基础面团之一，其制品多见于各种派类、塔类、饼干及慕斯类蛋糕底部的装饰等。学习混酥类点心要掌握混酥类点心的调制、成形、烘烤、装饰等工艺。

本项目分为 2 个任务，讲述了柠檬塔（Lemon Tart）、苹果派（Apple Pie）的制作方法。

任务 2.1 柠檬塔制作

柠檬塔是较为清爽的一款小点心，也是一款经典的法式甜点。柠檬的酸度和香气能消解其他食物带来的油腻。如果你吃了一顿豪华大餐，那么将它作为饭后甜点是一个非常好的选择，再搭配咖啡或茶，就完美了。其清新的造型也能让你增加一丝愉悦。

柠檬塔成品如图 2-1 所示。扫描图片右侧二维码可以观看制作视频。

柠檬塔制作

图 2-1 柠檬塔成品

1. 任务目标

（1）了解制作柠檬塔所使用的原料的特性及制作用途。

（2）掌握制作柠檬塔的工具及设备的使用方法。

（3）熟练掌握混酥面团的起酥原理、调制方法等。

（4）熟练掌握柠檬塔的工艺流程和制作技巧。

2. 知识学习

1）混酥面团的起酥原理

混酥面团具有酥松性的特点，这与制作时加入的油脂密不可分。油脂具有黏着性，在和面过程中其与面粉颗粒充分结合，均匀分布在面粉颗粒周围，形成一层油膜，这层油膜阻碍了面粉中的面筋形成面筋网络。因此，混酥面团大多无筋力，结构比较松散。颗粒与颗粒之间有空隙，在加热过程中，油脂流散、颗粒间的空气受热膨胀，使制品产生酥松性。

2）混酥面团的调制方法

混酥面团一般采用油糖调制法进行调制，方法如下：将面粉过筛后置于案板上开窝（较大），加入糖、油，搅拌至糖溶化，分次加入鸡蛋并搅拌均匀，用堆叠法调制成团。如果有化学膨松剂加入，方法参考化学膨松面团的调制方法。

3）混酥面团的调制要点

（1）面粉多选用低筋面粉，这样形成的面筋少，可以增强制品的酥松性。

（2）调制面团时应将糖、油、鸡蛋等充分乳化后再加入面粉中和成团，乳化得越充分，形成的面团越细腻柔软。

（3）调制面团时速度要快，多采用堆叠法，尽量避免揉制，以减少面筋的形成。

（4）和好的面团不宜久放，否则会生筋、出油，影响制品质量。

4）烘焙黄油的种类

（1）标准黄油。标准黄油分为有盐和无盐两种，是最常用的黄油，可用于烹调和涂抹食品等。

（2）有机黄油。有机黄油一般由 100% 有机饲料喂养的奶牛的牛奶制作而成，饲料中不含有任何成分的杀虫剂或化肥。有机黄油也分为有盐和无盐两种，一般按照传统的用法使用。

（3）发酵黄油。发酵黄油同一般的黄油在制作方法上会有一点不同，除了使用简单的油水分离的方法将牛奶中的油脂浓缩提取，还会使用发酵工艺。

发酵黄油的质地相比于普通黄油来说要软很多，有点像用来做芝士蛋糕的奶油芝士，这种柔软的质地使发酵黄油很适合涂抹在面包或司康之类的西点上。相比于普通黄油，发酵黄油几乎入口即化，口感有点像溶化的巧克力，而且奶香味要比普通黄油更浓郁一些。

（4）起酥黄油，也叫无水黄油。油脂含量为 99.9% ～ 100%，只含有极少量的水甚至没有。起酥黄油的起酥性很好，多用于制作牛角包、拿破仑酥、千层酥等需要开酥的面团，所以多制作成片状，便于开酥。

（5）植物黄油与动物黄油。一般烘焙时，动物黄油是首选。植物黄油又叫人造黄油，它不是真正的黄油，是一种氢化植物油仿制油脂，冷藏时几乎为软化状态。

3. 任务导入

初步掌握柠檬塔的制作工艺，能够根据配方和操作步骤制作柠檬塔。

4. 任务实施

1）产品配方

柠檬塔的配方如表 2-1 所示。

表 2-1　柠檬塔的配方

原 料 名 称	数 量 / 单 位	图 示
混酥面团		
黄油	80 克	
鸡蛋	50 克	
砂糖	40 克	
低筋面粉	150 克	
柠檬馅		
砂糖	45 克	
蛋黄	25 克	
柠檬汁	15 克	
蛋白	10 克	
黄油	50 克	
吉士粉	11 克	
牛奶	29 克	
蛋白糖		
蛋白	100 克	
砂糖	200 克	
水	70 克	

注：实际操作时多为称重，因此单位都为克。

2）工艺流程

糖油搅拌→加入鸡蛋→搅拌成团→擀压成片→冷藏备用→面片刻模→装模静置→烘烤成熟→制作馅料→入模灌馅→打发蛋白→挤花装饰→成品。

3）操作步骤

柠檬塔操作步骤一览表如表 2-2 所示。

表 2-2　柠檬塔操作步骤一览表

步 骤	制 作 方 法	图 示
糖油搅拌	用蛋抽将黄油与砂糖搅拌均匀	

步　骤	制　作　方　法	图　示
加入鸡蛋	将鸡蛋分次加入，并搅拌均匀	
搅拌成团	将低筋面粉倒入搅拌好的黄油糊中，用刮刀搅拌成面团（不可搅拌过久，防止面团上劲）	
擀压成片	将混酥面团放在两张油纸中间，再用擀面杖擀制成3毫米厚的面片	
冷藏备用	将面片放进冰箱冷藏约1小时，使面片松弛，油脂凝固（冷却后的面片更便于擀压成形）	
面片刻模	将擀好的面片刻成比模具直径稍大一点的圆面片	
装模静置	将刻好的面片放入模具中（模具中不要有水，避免塔皮与模具粘连），使面片与模具贴紧，多余的面片用小刀削平；将修整好的塔皮静置15～20分钟（天气炎热时可以放入冰箱冷藏静置），在塔壳底部用牙签插小孔	
烘烤成熟	用上火190℃、下火170℃烘烤，时间为18分钟左右，烤至金黄色出炉	
制作馅料	将柠檬汁、砂糖、蛋白、蛋黄混合搅拌均匀后，隔水加热到80℃时加入黄油，不停搅拌待黄油完全溶化后，将吉士粉和牛奶混合均匀倒入以上混合物中，搅拌均匀	

续表

步 骤	制 作 方 法	图 示
入模灌馅	将制作好的馅料装入裱花袋中，挤入烤好晾凉的塔壳中，放入冰箱冷藏备用	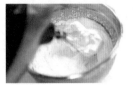
打发蛋白	将砂糖和水煮至 116℃，冲入打发到中性发泡的蛋白中，再打发至硬性发泡	
挤花装饰	用直口花嘴将蛋白挤成花形或半圆形，装饰在柠檬塔上，用火枪烧上色，即可食用	
产品特点		色泽金黄，口感酥松

5. 指点迷津

（1）在制作混酥面团时，最好选用较易溶化的油脂，因为较易溶化的液态油脂吸湿面粉的能力强，操作时容易发黏，从而影响制品的酥松性。

（2）选择糖时，也应选择颗粒较细的糖，如细砂糖、糖粉。如果糖的颗粒较大，在搅拌时不易溶化，会造成面团操作困难，制品成熟后表皮会呈现出一些斑点，从而影响成品质量。

6. 任务评价

通过本任务的学习，填写任务评价表，如表 2-3 所示。

表 2-3　任务评价表

项　目	自 我 评 价			小 组 评 价	教 师 评 价
	A	B	C		
市场调研同类产品					
实践任务					

7. 学习与巩固

（1）打发蛋白时，将砂糖和水煮至_____℃，冲入打发到中性发泡的蛋白中，再打发至硬性发泡。

（2）混酥面团一般多采用_____法进行调制。

任务 2.2　苹果派制作

　　苹果派最早是一种起源于欧洲东部的食品，不过如今它已成为一种典型的美式食品。苹果派可以做成不同形状、大小和口味的。形状包括自由式、标准两层式等。

　　根据口味不同，苹果派可分为焦糖苹果派、法式苹果派、面包屑苹果派、奶油苹果派等。苹果派制作简单方便，所需的原料价格便宜，是美国人生活中常吃的一种甜点，算得上是美国食品的一个代表。苹果派还属于一种主食，许多青少年都喜欢吃。

　　苹果派成品如图 2-2 所示。扫描图片右侧二维码可以观看制作视频。

图 2-2　苹果派成品

苹果派制作

1. 任务目标

（1）了解制作苹果派所使用的原料的特性及制作用途。

（2）掌握制作苹果派的工具及设备的使用方法。

（3）熟练掌握苹果派的工艺流程和制作技巧。

2. 知识学习

1）鲜果的加工方法

（1）将鲜果切成所需要的形状和大小。可直接食用的鲜果，最好还是直接食用，这样不仅能品尝到鲜果的不同果味和口感，还可以最大限度地减少鲜果营养素的损失。

　　在西方饮食中，鲜果沙拉一直是受人喜爱的甜点。将鲜果洗净去皮后，切成大小合适的丁或块，然后拌以柠檬糖水，加入适量的果酒，即可享用。除制作成鲜果沙拉外，西式面点也少不了对鲜果的利用。将不同颜色的鲜果切成不同的形状和大小，码放到各类蛋糕的表层，不仅颜色鲜艳，而且风味独特，营养丰富。鲜果作为甜点及面包的装饰，已被大众所接受。

（2）将鲜果磨碎后制成配汁和配料。选作配汁和配料的鲜果应是果实鲜嫩、柔软易碎、味道鲜美的果实，如草莓、猕猴桃、西瓜等。

将所要用的鲜果洗净去皮，将果实内可食用的部分切成小丁，放入食品磨碎机内，搅拌成细碎的果肉汁，然后根据所做甜品的质量要求选择是否过筛。一般情况下，鲜果磨碎后果肉部分和果汁一起使用。用此方法可以制作许多配汁，如草莓汁、猕猴桃汁、西瓜汁等。用此方法磨碎的鲜果是西点水果慕斯或慕斯蛋糕的主要配料。不仅如此，用此方法制成的果汁还是各类水果冰激凌、冰霜（如西瓜冰霜、猕猴桃冰激凌等）的主要原料。

2）苹果的挑选和储存技巧

苹果分为很多品种，常见的有红富士、黄元帅、嘎啦、红将军、乔纳金、红星、秦冠等。苹果的品种不同，挑选技巧也不同，以下主要介绍两种。

红富士：看苹果柄是否有同心圆，有同心圆的由于日照充分，比较甜；看苹果身上是否有条纹，条纹越多的苹果越好；越红、越艳的苹果越好。

黄元帅：颜色越黄的苹果越好；麻点越多的苹果越好；用手掂量，轻的比较面，重的比较脆。

苹果的储存技巧：储存苹果要注意干燥、低温，苹果买回来后，在盐水中浸泡片刻，然后取出，用毛巾擦干后放入保鲜袋中，再放入冰箱冷藏室即可。如果需要大量保存，可以使用家庭中常见的容器，如缸、罐、坛、纸箱、木箱等。

3. 任务导入

初步掌握苹果派的制作工艺，能够根据配方和操作步骤制作苹果派。

4. 任务实施

1）产品配方

苹果派的配方如表 2-4 所示。

表 2-4 苹果派的配方

原 料 名 称	数 量	图 示
混酥面团		
黄油	80 克	
鸡蛋	50 克	
砂糖	40 克	
低筋面粉	150 克	

续表

原 料 名 称	数　　量	图　　示
苹果馅		
苹果	1100 克	
砂糖	100 克	
柠檬汁	30 克	
黄油	20 克	
玉米淀粉	20 克	
水	15 克	
朗姆酒	15 克	
肉桂粉	5 克	

2）工艺流程

擀压成片→模具刻模→装模插孔→削皮切块→溶化黄油→炒苹果块→加入淀粉→放入馅料→派皮封顶→装饰烘烤→成品。

3）操作步骤

苹果派操作步骤一览表如表 2-5 所示。

表 2-5　苹果派操作步骤一览表

步　　骤	制 作 方 法	图　　示
擀压成片	将混酥面团（见任务 2.1 中混酥面团的制作）用擀面杖擀制成 3 毫米厚的面片	
模具刻模	将擀好的面片刻成比模具直径稍大一点的圆面片	
装模插孔	将刻好的圆面片放入模具中（模具中不要有水，避免派皮与模具粘连），使面片与模具贴紧，多余的面片用小刀削平；底部用牙签插小孔	
削皮切块	将苹果削皮、去核，切成块，待用	

步　骤	制作方法	图　示
溶化黄油	将黄油放入加热的复合底锅中，完全溶化	
炒苹果块	将切好的苹果块倒入溶化的黄油中翻炒，同时加入砂糖、柠檬汁继续翻炒，炒至苹果变软，水分逐渐变少	
加入淀粉	在玉米淀粉中加水调成淀粉汁，倒入锅中，继续翻炒，直至苹果馅黏稠，加入肉桂粉，翻炒至有光泽，加入朗姆酒调味	
放入馅料	将制作好的苹果馅放入静置好的派壳内，八分满	
派皮封顶	将剩余的面团擀至成 0.5 厘米厚，切成长条，交叉摆放在放好馅料的派上	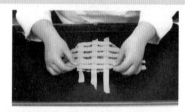
装饰烘烤	压去多余的面条，放入预热好的烤箱，以上火200℃、下火200℃烘烤25分钟，烤至金黄色出炉	
产品特点	色泽金黄，口感酥松，馅心绵软	

5. 指点迷津

（1）擀面片时，尽量少用干粉。混酥面团可以放在两张油纸之间擀压，减少粘连和面粉的使用。擀面片时要从中间往外用力，不然外围会被挤压过度。丈量面片大小，可以把烤盘倒扣在面片中心，面片应比烤盘边宽出 2.5 厘米左右。

（2）青苹果质地硬脆，适合做馅料，但口感过酸，最好与较甜的红富士苹果混合使用，才能制作出完美馅料。

（3）苹果越新鲜越好。多备些苹果，以防不足。把苹果馅倒入派壳时，中心呈小山形状，越高越好，因为烘烤后，苹果馅会往下塌陷。

（4）如果做标准两层式苹果派，上面那层一定要开几个口透气。

（5）烘烤时如果外皮开始变黄，则可以用铝箔纸盖住外皮，防止外皮过焦。不过，注意铝箔纸不能盖住烤盘侧面和底部，否则会影响底部烘烤。当苹果馅冒泡时，说明苹果派烤好了。苹果派烤熟后，至少晾一个小时，好让苹果馅更加浓稠。

6. 任务评价

通过本任务的学习，填写任务评价表，如表 2-6 所示。

表 2-6　任务评价表

项　　目	自 我 评 价			小 组 评 价	教 师 评 价
	A	B	C		
市场调研 同类产品					
实践任务					

7. 学习与巩固

（1）混酥面团可以放在两张油纸之间（　　　　），减少粘连和面粉的使用。擀面片时要从（　　　）往外用力，不然外围会被挤压过度。

（2）苹果派可以做成不同形状、大小和口味的。形状包括_____、标准两层式等。

项目3 饼干类点心

项目导入

饼干是西点的常见品种之一，作为一种零食，既方便食用又便于携带，已成为人们日常生活中不可或缺的一种食品。

饼干是以谷类粉等为主要原料，添加糖、油脂及其他原料，经调粉（或调浆）、成形、烘烤（或煎烤）等工艺制成的食品，熟制前或熟制后在产品之间（或表面、或内部）可以添加奶油、蛋白、巧克力碎等。饼干的制作方法多样，品种繁多。一般来讲，根据原料的使用及制作工艺，饼干可分为混酥类饼干、清蛋糕类饼干、蛋白类饼干等。

本项目分为4个任务，讲述了曲奇饼干（Cookie）、布列塔尼饼干（Sablé Breton）、手指饼干（Lady Finger）、法式马卡龙（French Macarons）的制作方法。

任务 3.1　曲奇饼干制作

曲奇饼干，来源于英语 Cookies 的音译，意为"细小的蛋糕"，最初由伊朗人发明。20 世纪 80 年代，曲奇饼干由欧美地区传入中国，并于 21 世纪初在中国的香港、澳门、台湾等地掀起热潮，随后不断流行开来。其面糊的调制方法与混酥面团类似，面糊无层次，但有酥松性。曲奇饼干面糊是西点制作中的基础面糊之一。

曲奇饼干成品如图 3-1 所示。扫描图片右侧二维码可以观看制作视频。

曲奇饼干制作

图 3-1　曲奇饼干成品

1. 任务目标

（1）了解制作曲奇饼干所使用的原料的特性及制作用途。

（2）掌握制作曲奇饼干的工具及设备的使用方法。

（3）熟练掌握曲奇饼干的工艺流程和制作技巧。

（4）强化训练"挤"的操作手法。

2. 知识学习

鸡蛋是制作曲奇饼干的重要原料。

1）鸡蛋的成分

鸡蛋包括蛋白、蛋黄和蛋壳，其中蛋白占 60%，蛋黄占 30%，蛋壳占 10%。

蛋白的主要成分是水分、蛋白质、碳水化合物、脂肪和维生素等，蛋白中的蛋白质主要是球蛋白和黏液蛋白。蛋黄的主要成分是脂肪、蛋白质、水分、无机盐、卵磷脂和维生素等，蛋黄中的蛋白质主要是卵黄磷蛋白和卵黄球蛋白。

2）鸡蛋的主要作用

鸡蛋具有黏结、凝固的作用。鸡蛋中含有相当丰富的蛋白质，这些蛋白质在搅拌过程中能捕集到大量的空气形成泡沫状，并与面筋形成复杂的网状结构，从而构成蛋糕的基本组织，同时蛋白质受热凝固，使蛋糕的组织结构稳定。

鸡蛋具有膨发的作用。已打发的鸡蛋液内含有大量的空气，这些空气在烘烤时受热膨胀，增大了蛋糕的体积，同时蛋白质分布于整个面糊中，起到保护气体的作用。

鸡蛋具有乳化的作用。蛋黄中含有较丰富的油脂和卵磷脂，而卵磷脂是一种非常有效的乳化剂，因此鸡蛋能起到乳化的作用。此外，鸡蛋在蛋糕的颜色、香味及营养等方面也有重要的作用。

3）鸡蛋的保存及注意事项

一般温度在 2℃~5℃时，鸡蛋的保质期为 40 天左右。冬季室温下的保质期为 15 天，夏季室温下的保质期为 10 天。

鸡蛋应竖着存放，并且大头朝上，新鲜的鸡蛋蛋白浓稠，能够有效地固定蛋黄的位置。需要保存的鸡蛋不要冲洗，在准备食用时再将蛋壳清洗干净进行烹饪，因为用水冲洗后，蛋壳表面的"白霜"就会脱落，导致细菌侵入，水分蒸发，鸡蛋变质。夏季储存鸡蛋应冷藏，但买回来的鸡蛋不能直接放进冰箱，要用食品袋或保鲜盒密封好再放进冰箱，因为蛋壳上有沙门氏菌和其他细菌会污染冰箱内的其他食品。鸡蛋只能放在冰箱的冷藏室，不能冷冻，因为冷冻会使蛋白质发生变化且使蛋黄凝固。从冰箱中取出的鸡蛋要尽快食用，不能久置，且尽量不要再次冷藏。鸡蛋不要和葱、姜、蒜等有强烈气味的食品一起放置保存。

3. 任务导入

初步掌握曲奇饼干的制作工艺，能够根据配方和操作步骤制作曲奇饼干。

4. 任务实施

1）产品配方

曲奇饼干的配方如表 3-1 所示。

表 3-1　曲奇饼干的配方

原 料 名 称	数　　量	图　　示
黄油	300 克	
鸡蛋	50 克	
糖粉	90 克	
低筋面粉	325 克	

2）工艺流程

低粉过筛→打发黄油→加入鸡蛋→搅拌面糊→装裱花袋→挤注成形→饼干烘烤→成品。

3）操作步骤

曲奇饼干操作步骤一览表如表 3-2 所示。

表 3-2　曲奇饼干操作步骤一览表

步　骤	制 作 方 法	图　示
低粉过筛	将低筋面粉过筛（过筛的目的是去除杂质、混合均匀，使面粉松散）	
打发黄油	将黄油与糖粉打发至羽毛状（黄油软化成膏状）	
加入鸡蛋	将鸡蛋分次加入黄油糊中，搅拌均匀	
搅拌面糊	将过筛的低筋面粉倒入搅拌好的黄油糊中，用刮刀通过切拌、压拌手法混合均匀（不可搅拌过久，防止面团上劲，如需要添加果仁碎等，此时可加入）	
装裱花袋	将面糊装入裱花袋中（面糊不要超过裱花袋的一半，便于操作）	
挤注成形	用裱花袋挤成圆花形（饼干形状大小一致、薄厚一致，纹理清晰，便于烘烤）	
饼干烘烤	将饼干放入预热至上火 170℃、下火 150℃的烤箱中，烘烤 23 分钟左右，烤至金黄色取出	
产品特点	纹路清晰，大小一致，颜色金黄，口感酥松	

5. 指点迷津

（1）制作曲奇饼干时，要选用常温黄油。常温黄油和干性材料混合得更好，如糖、面粉等，会在烘焙的时候使曲奇饼干保持形状。得到常温黄油最快的方法，就是在准备其他原料的时候，把它切成片静置在盘子里30分钟。

（2）制作曲奇饼干时，鸡蛋也应该是常温的，因为这样蛋白和蛋黄更容易混合，在面糊中会更加均匀，从而使曲奇饼干更松脆。得到常温鸡蛋很容易——只要把鸡蛋放在盛有温水的碗中10～15分钟即可。

（3）将黄油和糖粉打发至羽毛状的这个过程叫作乳化，即将原料和固体脂肪（如黄油或起酥油）等混合。如果你能将黄油和糖粉正确乳化，那么你会烘焙出均匀、膨松的曲奇饼干。

6. 任务评价

通过本任务的学习，填写任务评价表，如表3-3所示。

表3-3 任务评价表

项 目	自我评价			小 组 评 价	教 师 评 价
	A	B	C		
市场调研 同类产品					
实践任务					

7. 学习与巩固

（1）一般温度在2℃～5℃时，鸡蛋的保质期为_____天左右。冬季室温下的保质期为_____天，夏季室温下的保质期为10天。

（2）制作曲奇饼干时，需要将黄油软化成_____，将黄油和糖粉打发至_____。

任务 3.2　布列塔尼饼干制作

　　布列塔尼饼干是一道来自法国布列塔尼地区的点心，原料中奶油及蛋黄的比例较高，因此在烘烤出美丽的焦糖色后，满屋子都是浓郁的焦糖奶蛋的香味，非常适合搭配咖啡或红茶一起享用。

布列塔尼饼干成品如图 3-2 所示。扫描图片右侧二维码可以观看制作视频。

布列塔尼饼干制作

图 3-2 布列塔尼饼干成品

1. 任务目标

（1）了解制作布列塔尼饼干所使用的原料的特性及制作用途。

（2）掌握制作布列塔尼饼干的工具及设备的使用方法。

（3）熟练掌握布列塔尼饼干的工艺流程和制作技巧。

2. 知识学习

制作布列塔尼饼干离不开化学膨松剂。

1）化学膨松剂的种类

化学膨松剂分为泡打粉、小苏打和臭粉，在制作饼干、蛋糕时使用最多的是泡打粉。

泡打粉是一种复合膨松剂，是由苏打粉配合其他酸性材料，并以玉米粉为填充剂制成的白色粉末，又被称为发泡粉和发酵粉。泡打粉是西点膨松剂的一种，经常用于制作蛋糕及西饼。泡打粉可分为香甜型和食用型。

小苏打的化学名称为碳酸氢钠，遇热放出气体，使制品膨松。其为碱性，在制作蛋糕时较少使用。

臭粉的化学名称为碳酸氢铵，遇热产生二氧化碳，使制品膨松。

2）化学膨松剂的作用

化学膨松剂的作用：增大体积；使组织结构松软；使组织内部气孔均匀。

3. 任务导入

初步掌握布列塔尼饼干的制作工艺，能够根据配方和操作步骤制作布列塔尼饼干。

4. 任务实施

1）产品配方

布列塔尼饼干的配方如表 3-4 所示。

表 3-4　布列塔尼饼干的配方

原 料 名 称	数　　量	图　　示
低筋面粉	100 克	
泡打粉	1.5 克	
盐	1 克	
黄油	40 克	
糖粉	40 克	
鸡蛋	20 克	
蛋黄	30 克	

2）工艺流程

打发黄油→低粉过筛→搅拌面团→擀压面团→冷藏面片→模具刻模→刷蛋黄液→划出花纹→烘烤饼干→成品。

3）操作步骤

布列塔尼饼干操作步骤一览表如表 3-5 所示。

表 3-5　布列塔尼饼干操作步骤一览表

步　　骤	制 作 方 法	图　　示
打发黄油	将软化好的黄油和糖粉放入不锈钢盆中打发至羽毛状，分 2～3 次加入鸡蛋，轻轻搅拌均匀	
低粉过筛	将低筋面粉过筛，并和泡打粉、盐混合均匀	
搅拌面团	将混合均匀后的面粉倒入黄油糊中，先用切拌的手法，将黄油糊和面粉搅拌均匀，直到看不见干粉，再以压拌的手法，使面团柔软顺滑	
擀压面团	准备两张油纸，将面团放在其中一张油纸上，再将另一张覆盖上去，然后将面团擀成 0.6 厘米厚的面片	

步　骤	制 作 方 法	图　示
冷藏面片	将擀好的面片放入冰箱冷藏 20 分钟	
模具刻模	使用直径为 5.5 厘米的圆形模具，将冷藏定型好的面片刻成小圆片，将刻好的小圆片放入烤盘中，保持间距	
刷蛋黄液	将蛋黄打散，用毛刷将蛋黄液刷在小圆片上，共刷两次	
划出花纹	在小圆片上用牙签划出"＃"花纹	
烘烤饼干	放入预热至 180℃的烤箱内烘烤 20 分钟，烤至金黄色后出炉	
产品特点	颜色金黄，口感酥松，花纹清晰，薄厚一致	

5. 指点迷津

黄油是西餐烹饪的重要原料，也是烘焙美味西点必不可少的原料。很多料理要求使用软化黄油，但你可能会忘记事先从冰箱里拿出一块儿黄油在室温中放软。如果你想迅速软化黄油，方法有很多。注意不要过度加热，否则黄油会溶化。下面教你几招软化黄油的方法：把黄油切成小块儿；用擀面杖擀压黄油；把黄油弄碎隔水加热；用微波炉加热黄油。

6. 任务评价

通过本任务的学习，填写任务评价表，如表 3-6 所示。

表 3-6　任务评价表

项　目	自我评价			小组评价	教师评价
	A	B	C		
市场调研 同类产品					
实践任务					

7. 学习与巩固

（1）布列塔尼饼干是一道来自 _____ 布列塔尼地区的点心。

（2）制作布列塔尼饼干，入炉前刷 _____ 蛋黄液。

任务 3.3　手指饼干制作

 产品介绍

　　手指饼干是意大利的一种饼干，它的外形细长，类似于手指的形状，干燥，非常香甜。

　　因为手指饼干的质地有些类似干燥的海绵蛋糕，能够吸收大量的水分，所以适合拿来做提拉米苏的基底及夹层。

　　手指饼干成品如图 3-3 所示。扫描图片右侧二维码可以观看制作视频。

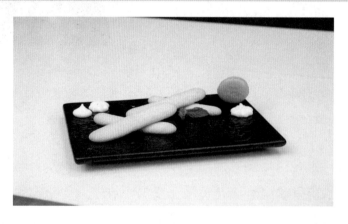

手指饼干制作

图 3-3　手指饼干成品

1. 任务目标

（1）了解制作手指饼干所使用的原料的特性及制作用途。

（2）掌握制作手指饼干的工具及设备的使用方法。

（3）熟练掌握手指饼干的工艺流程和制作技巧。

2. 知识学习

打发蛋白就是通过搅打使空气充入蛋白，从而使蛋白体积膨胀。我们打发蛋白的目的就是通过面团里蛋白的发泡使面团变得膨松，受热膨胀。那么看似液体的蛋白，为什么会如此变性呢？蛋白中有两种主要的蛋白质——球蛋白与黏液蛋白。球蛋白的作用在于减少蛋白的表面张力，使空气被搅打入蛋白后可以产生泡沫，增加表面积从而膨胀开来；黏液蛋白则是使形成的泡沫发生热变性，从而凝固，这样蛋白内的空气能够被包住不外泄。简而言之，球蛋白使空气进入蛋白后得以膨胀，而黏液蛋白则形成保护膜以保证空气不会漏出去。

很多时候我们会听到"消泡"的说法，其实就是指那层保护膜被破坏了，空气外泄，使蛋糕无法膨胀或容易回缩。蛋白打发状态示意图如图 3-4 所示。

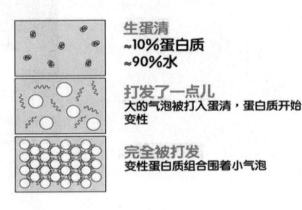

图 3-4　蛋白打发状态示意图

3. 任务导入

初步掌握手指饼干的制作工艺，能够根据配方和操作步骤制作手指饼干。

4. 任务实施

1）产品配方

手指饼干的配方如表 3-7 所示。

表 3-7　手指饼干的配方

原 料 名 称	数　　量	图　　示
蛋白	80 克	
砂糖	72 克	
蛋黄	30 克	
低筋面粉	80 克	

2）工艺流程

打发蛋黄→打发蛋白→搅拌均匀→搅拌面糊→面糊装袋→挤注成形→烘烤成熟→成品。

3）操作步骤

手指饼干操作步骤一览表如表 3-8 所示。

表 3-8　手指饼干操作步骤一览表

步　骤	制 作 方 法	图　示
打发蛋黄	将蛋黄和一半砂糖放入盆中打发至黏稠状	
打发蛋白	将蛋白和剩下的一半砂糖放入盆中打发至干性发泡（打发蛋白的用具一定要干净，不能有油）	
搅拌均匀	将 1/3 的蛋白与蛋黄糊搅拌均匀（先用少许打发的蛋白混匀蛋黄糊，避免破坏更多的气泡，影响制品的膨松度），再拌入剩余打发的蛋白，搅拌均匀	
搅拌面糊	在蛋糊中加入过筛的低筋面粉，搅拌均匀	
面糊装袋	将面糊装入裱花袋中（面糊不要超过裱花袋的一半，便于操作）	
挤注成形	将裱花袋中的面糊挤成手指形的长条状（挤注时用力均匀、速度一致，使饼干粗细、长短相同）	

续表

步　　骤	制 作 方 法	图　　示
烘烤成熟	放入预热至190℃的烤箱，烘烤8～10分钟，烤至金黄色后出炉	
产品特点	颜色金黄，大小一致，口感松脆	

5. 指点迷津

（1）面糊搅拌好以后，应尽快挤好并放入烤箱烘烤，否则会导致消泡，影响饼干的口感。

（2）手指饼干的吸水性强，很容易吸收空气中的水分变得潮软，因此要注意密封保存。

6. 任务评价

通过本任务的学习，填写任务评价表，如表3-9所示。

表3-9　任务评价表

项　　目	自 我 评 价			小 组 评 价	教 师 评 价
	A	B	C		
市场调研 同类产品					
实践任务					

7. 学习与巩固

（1）手指饼干是 _____ 的一种饼干，它的外形细长，类似于 _____ 的形状，干燥，非常香甜。

（2）蛋白中有两种主要的蛋白质——球蛋白与 _____ 。

任务 3.4　法式马卡龙制作

产品介绍

　　法式马卡龙，又称作玛卡龙、法式小圆饼，是一种用蛋白、杏仁粉、砂糖和糖粉制作而成，并夹有水果酱或奶油的法式甜点。其口感丰富，外脆内柔，外观五彩缤纷、精致小巧。

法式马卡龙源于意大利，在法国不断被发扬光大。制作成功的法式马卡龙表面平滑，看起来圆鼓鼓的，有光泽，下端有一圈裙边。把两片马卡龙皮合起来，中间夹上不同的馅料，就形成不同口味的法式马卡龙了。

法式马卡龙单吃很甜，可以搭配咖啡或茶食用。

法式马卡龙成品如图3-5所示。扫描图片右侧二维码可以观看制作视频。

法式马卡龙制作

图 3-5　法式马卡龙成品

1. 任务目标

（1）了解制作法式马卡龙所使用的原料的特性及制作用途。

（2）掌握制作法式马卡龙的工具及设备的使用方法。

（3）熟练掌握法式马卡龙的工艺流程和制作技巧。

（4）强化训练法式马卡龙的成形方法。

2. 知识学习

16 世纪中叶，佛罗伦萨的贵族凯塞琳梅迪奇嫁给法国国王亨利二世，成了王后。虽然身处王室，但毕竟远嫁他乡，王后不久就患上了思乡病。于是，跟随王后来到法国的厨师做出家乡的马卡龙来博取王后的欢心，从此这种意大利的甜点就在法国流传开来了。

3. 任务导入

初步掌握法式马卡龙的制作工艺，能够根据配方和操作步骤制作法式马卡龙。

4. 任务实施

1）产品配方

法式马卡龙的配方如表 3-10 所示。

表 3-10 法式马卡龙的配方

原 料 名 称	数 量	图 示
马卡龙皮		
杏仁粉	141 克	
糖粉	135 克	
蛋白	108 克	
砂糖	108 克	
马卡龙馅料		
黄油	100 克	
蛋白	24 克	
砂糖	50 克	
水	12 克	

2）工艺流程

过筛搅拌→打发蛋白→搅拌面糊→挤注成形→整理静置→烘烤成熟→煮制糖水→打发蛋白→制作酱料→填充馅料→成品。

3）操作步骤

法式马卡龙操作步骤一览表如表 3-11 所示。

表 3-11 法式马卡龙操作步骤一览表

步 骤	制 作 方 法	图 示
过筛搅拌	将过筛后的糖粉和杏仁粉放入盆中，搅拌均匀	
打发蛋白	在蛋白中分次加入砂糖，将蛋白打发至硬性发泡，呈小尖峰状态	
搅拌面糊	将打发好的蛋白分次与搅拌均匀的糖粉和杏仁粉混合，用压拌和切拌的手法进行操作，使面糊提起来呈飘带状（可在此处按照需求加入几滴食用色素，以制作各种颜色的法式马卡龙）	

续表

步　骤	制　作　方　法	图　示
挤注成形	将面糊装入裱花袋中，挤成圆饼	
整理静置	用牙签整理气泡，并将挤好的圆饼静置，晾置 2 个小时左右，等到表面有层硬皮，摸上去不黏手即可	
烘烤成熟	放入预热至 150℃ 的烤箱，烘烤 15 分钟左右，至底部成熟（法式马卡龙的烘烤是个技术难点，不同烤箱的温度也会有所不同，需根据自己的烤箱调试温度）	
煮制糖水	将砂糖和水混合，煮到 118℃	
打发蛋白	将糖水慢慢加入打发至中性发泡的蛋白中，继续搅打，直至将蛋白打发至硬性发泡	
制作酱料	加入软化好的黄油，继续打发，制成黄油酱	
填充馅料	将黄油酱填充到两片马卡龙皮中（马卡龙皮需选择大小一致的进行配对），填充好后，即可食用	

产品特点	大小一致，具有裙边，口感细腻，表面光滑无裂纹

5. 指点迷津

制作法式马卡龙的注意事项具体如下。

（1）杏仁粉一定要过筛，与打发的蛋白搅拌时一定要搅拌均匀，第一次搅拌用压拌法，第二次搅拌用切拌法。

（2）挤圆饼时一定要用圆形花嘴挤，尽量大小一致，挤好后在底部敲几下将圆饼振平一点，再去晾干表皮，使其不黏手即可。晾的时间可以久一些，保障出品率。

（3）法式马卡龙一般在烘烤五六分钟后起裙边，如果没有起裙边，就不会再起了。

6. 任务评价

通过本任务的学习，填写任务评价表，如表 3-12 所示。

表 3-12　任务评价表

项　　目	自 我 评 价			小 组 评 价	教 师 评 价
	A	B	C		
市场调研					
同类产品					
实践任务					

7. 学习与巩固

（1）法式马卡龙，又称作 _____、_____，是一种用 _____、杏仁粉、砂糖和糖粉制作而成，并夹有水果酱或奶油的 _____ 甜点。

（2）制作成功的法式马卡龙表面 _____，看起来圆鼓鼓的，有光泽，下端有一圈 _____。

项目 4　蛋糕类点心

项目导入

蛋糕是一种古老的西点，一般是用烤箱制作的。蛋糕是以鸡蛋、砂糖、小麦粉为主要原料，以牛奶、果汁、奶粉、色拉油、水、泡打粉为辅料，经过搅拌、调制、烘烤后制成的一种像海绵一样松软的点心。蛋糕可分为乳沫蛋糕、面糊蛋糕、戚风蛋糕等品种，具有组织松软、便于包装等特点。蛋糕的配方有很多种，再配上各种各样的馅料和装饰，西点师便可以制作出满足顾客个性化需求的不同种类的蛋糕。

本项目分为 4 个任务，讲述了巧克力布朗尼蛋糕（Chocolate Brownie Cake）、玛芬蛋糕（Muffin Cake）、黑森林蛋糕（Black Forest Cake）、抹茶戚风蛋糕卷（Matcha Qifeng Cake Roll）的制作方法。

任务 4.1　巧克力布朗尼蛋糕制作

　　巧克力布朗尼蛋糕，又称布朗尼蛋糕、核桃布朗尼蛋糕或波士顿布朗尼，是一种块小、味甜、像饼干的巧克力蛋糕，因其为巧克力色而得名。据说这款蛋糕是一个黑人老婆婆围着围裙在厨房做松软的巧克力蛋糕时，忘了先打发奶油而做出的失败的蛋糕。但这个失败的蛋糕湿润绵密，成了意外的美味。这个美丽的错误让巧克力布朗尼蛋糕成为现在美国家庭最具代表性的蛋糕。

　　巧克力布朗尼蛋糕成品如图4-1所示。扫描图片右侧二维码可以观看制作视频。

巧克力布朗尼蛋糕制作

图4-1　巧克力布朗尼蛋糕成品

1. 任务目标

（1）了解制作巧克力布朗尼蛋糕所使用的原料的特性及制作用途。

（2）掌握制作巧克力布朗尼蛋糕的工具及设备的使用方法。

（3）熟练掌握巧克力布朗尼蛋糕的工艺流程和制作技巧。

2. 知识学习

1）油脂的选择

制作蛋糕时用得最多的是黄油和色拉油。黄油具有天然纯正的奶香味道，颜色佳、营养价值高，对改善制品的质量有很大的帮助；而色拉油无色无味，不影响蛋糕原有的风味，所以被广泛采用。

2）油脂在蛋糕中的作用

（1）固体油脂在搅拌过程中能保留空气，有助于面糊的膨胀，从而增大蛋糕的体积。

（2）油脂能使面筋蛋白和淀粉颗粒变得润滑柔软。

（3）油脂具有乳化作用，可保留水分。

（4）油脂可以改善蛋糕的口感，增加风味。

3. 任务导入

初步掌握巧克力布朗尼蛋糕的制作工艺，能够根据配方和操作步骤制作巧克力布朗尼蛋糕。

4. 任务实施

1）产品配方

巧克力布朗尼蛋糕的配方如表 4-1 所示。

表 4-1　巧克力布朗尼蛋糕的配方

原 料 名 称	数 量	图 示
巧克力布朗尼蛋糕坯		
黄油	60 克	
砂糖	60 克	
鸡蛋	100 克	
黑巧克力	40 克	
低筋面粉	40 克	
盐	0.5 克	
泡打粉	0.5 克	
核桃碎	45 克	
巧克力酱		
黑巧克力	100 克	
淡奶油	30 克	
葡萄糖	50 克	

2）工艺流程

打发黄油→加入鸡蛋→加入粉类→加入辅料→入模烘烤→酱料制作→装饰点缀→成品。

3）操作步骤

巧克力布朗尼蛋糕操作步骤一览表如表 4-2 所示。

表 4-2　巧克力布朗尼蛋糕操作步骤一览表

步　骤	制 作 方 法	图 示
打发黄油	将黄油、砂糖混合，打发至微微发白	

续表

步　骤	制　作　方　法	图　示
加入鸡蛋	分次加入鸡蛋，并搅拌均匀	
加入粉类	加入过筛的低筋面粉、盐、泡打粉，并搅拌均匀	
加入辅料	将黑巧克力隔水溶化，晾到40℃，将晾好的黑巧克力酱和核桃碎放入黄油面糊中，搅拌均匀	
入模烘烤	将面糊灌入模具八分满，放入上下火均为180℃的烤箱中，烘烤30分钟	
酱料制作	将淡奶油煮开，加入葡萄糖和黑巧克力，并搅拌均匀	
装饰点缀	将巧克力酱晾到30℃左右，淋到晾凉后的蛋糕上（巧克力酱放一夜再用最佳），进行装饰后即可食用	
产品特点	组织细腻，气孔均匀	

5. 指点迷津

（1）黄油是用牛奶加工出来的一种固态油脂，是将搅拌之后的新鲜牛奶上层的浓稠状物体滤去部分水分之后的产物。黄油主要用作调味品，营养丰富，但其脂肪含量很高，所以不要过多食用。

（2）室温软化的黄油用打蛋器打至体积膨胀、颜色发白后，分次加入砂糖，再搅拌至砂糖完全溶化。最终打发的黄油会变得膨松、轻盈，颜色变浅，体积变大，外表呈羽毛状。

（3）"量小次数多"是黄油加鸡蛋打发的要点，即每次加少量鸡蛋液，分多次加入，这样做的目的是让鸡蛋和黄油彻底乳化，不会产生油蛋分离的情况。

6. 任务评价

通过本任务的学习，填写任务评价表，如表 4-3 所示。

表 4-3　任务评价表

项　　目	自我评价			小组评价	教师评价
	A	B	C		
市场调研					
同类产品					
实践任务					

7. 学习与巩固

（1）巧克力布朗尼蛋糕，又称 _____、核桃布朗尼蛋糕或波士顿布朗尼。

（2）在灌布朗尼面糊时，将面糊灌入模具 _____ 分满。

任务 4.2　玛芬蛋糕制作

　　开始时，玛芬蛋糕在英国是指英式松饼，后来到美国经过改良成为一种经典的美式简易蛋糕。它的特点是使用化学膨胀剂（如小苏打、泡打粉等）来作为蛋糕膨胀的主要动力，配方中的鸡蛋、黄油可以选择打发也可以选择不打发。只要将原料充分搅拌均匀，不起筋、没有干粉，就能制作出松软的玛芬蛋糕。这可以说是一款零失败风险的蛋糕，对工具也没有严格的要求，适合所有人制作。

　　玛芬蛋糕成品如图 4-2 所示。扫描图片右侧二维码可以观看制作视频。

玛芬蛋糕制作

图 4-2　玛芬蛋糕成品

1. 任务目标

（1）了解制作玛芬蛋糕所使用的原料的特性及制作用途。

（2）掌握制作玛芬蛋糕的工具及设备的使用方法。

（3）熟练掌握玛芬蛋糕的工艺流程和制作技巧。

2. 知识学习

1）烘烤原理

将成形的制品放入烤箱中，经过高温加热使其成熟，如面包、饼干等。当生坯放入烤箱后，受到高温作用，淀粉和蛋白质发生一系列物理变化和化学变化：开始时制品表面受高温影响，水分大量蒸发，淀粉糊化，糖和氨基酸反应，表面形成薄薄的焦黄色外壳；然后水分逐渐转变为气态向坯内渗透，加速生坯熟化，形成酥松状态。

2）烘烤工艺要点

烘烤过程中，温度的选择是关键。适宜的温度可使制品外形饱满、形状整齐、色泽光亮、内部松脆。

炉温、上火、下火的调节和温度高低的先后顺序及烘烤时间都要根据制品的种类、要求等进行调整。例如，水分含量低的饼干等要低温烘烤，达到熟而不焦的状态；水分含量高的面包，体积膨胀时用中温烘烤，出炉后，必须立刻冷却，然后包装。

3. 任务导入

初步掌握玛芬蛋糕的制作工艺，能够根据配方和操作步骤制作玛芬蛋糕。

4. 任务实施

1）产品配方

玛芬蛋糕的配方如表 4-4 所示。

表 4-4　玛芬蛋糕的配方

原 料 名 称	数 量	图 示
鸡蛋	100 克	
低筋面粉	200 克	
泡打粉	3 克	
黄油	100 克	
牛奶	120 克	
砂糖	100 克	
蔓越莓干	100 克	
朗姆酒	50 克	

2）工艺流程

打发黄油→加入鸡蛋→加入干粉→加入牛奶→挤入模具→加蔓越莓→烘烤出炉→成品。

3）操作步骤

玛芬蛋糕操作步骤一览表如表 4-5 所示。

表 4-5　玛芬蛋糕操作步骤一览表

步　骤	制　作　方　法	图　示
打发黄油	将软化的黄油加砂糖用打蛋器搅打至膨松状态	
加入鸡蛋	分三次加入鸡蛋并搅拌均匀	
加入干粉	将过筛后的低筋面粉与泡打粉加入黄油糊中，搅拌均匀	
加入牛奶	将牛奶加入面糊中，搅拌均匀	
挤入模具	将面糊装入裱花袋中，再挤入纸杯，八分满即可	
加蔓越莓	将提前用朗姆酒泡软的蔓越莓均匀地撒在面糊上	
烘烤出炉	将纸杯蛋糕放入提前预热好的烤箱中，以上火 190℃、下火 180℃烘烤约 20 分钟后，出炉	
产品特点	组织细腻，气孔均匀，颜色金黄，口感醇香	

5. 指点迷津

（1）鸡蛋和牛奶要先回温，因为鸡蛋与黄油的分量一样，所以鸡蛋要分多次加入黄油中，每次都要搅拌均匀，否则非常容易油水分离。

（2）因为加入的牛奶比较多，所以要缓缓加入，不停搅拌，防止面糊油水分离。

6. 任务评价

通过本任务的学习，填写任务评价表，如表4-6所示。

表4-6　任务评价表

项　　目	自我评价			小 组 评 价	教 师 评 价
	A	B	C		
市场调研					
同类产品					
实践任务					

7. 学习与巩固

（1）玛芬蛋糕的特点是使用 _____（如小苏打、_____ 等）来作为蛋糕膨胀的主要动力。

（2）烘烤过程中，_____ 的选择是关键。适宜的温度可使制品外形饱满、形状 _____、色泽 _____、内部松脆。

任务 4.3　黑森林蛋糕制作

产品介绍

　　黑森林蛋糕是德国非常有代表性的甜点之一，它巧妙地融合了樱桃的酸、巧克力的苦、奶油的甜，并且还带有樱桃酒的醇香，给人一种生活美好的感觉。黑森林蛋糕最早形成于德国南部的黑森林地区，当地的农妇除将生产过剩的樱桃做成樱桃酱外，还会在制作糕点的时候加入，于是制成了早期的黑森林蛋糕。另外，她们在搅拌奶酪、奶油的时候会加入新鲜的樱桃汁，就连做蛋糕时也会加入很多樱桃汁和樱桃酒。

黑森林蛋糕成品如图 4-3 所示。扫描图片右侧二维码可以观看制作视频。

黑森林蛋糕制作

图 4-3　黑森林蛋糕成品

1. 任务目标

（1）了解制作黑森林蛋糕所使用的原料的特性及制作用途。

（2）掌握制作黑森林蛋糕的工具及设备的使用方法。

（3）熟练掌握黑森林蛋糕的工艺流程和制作技巧。

2. 知识学习

樱桃中含有大量铁元量、红色素、维生素，以及钙、磷等微量元素，其维生素含量比葡萄、苹果、橘子多。

樱桃性温热，味甘微酸，入脾、肝经，具有补中益气、祛风除湿的功效，可改善病后体虚气弱、气短心悸、倦怠食少、咽干口渴、风湿腰腿疼痛、四肢麻木、关节屈伸不利及冻疮等症。

樱桃汁具有润泽皮肤的作用，可消除皮肤暗疮和瘢痕；樱桃酱具有调中益气、生津止渴的功效，适宜有风湿腰腿疼痛、四肢麻木、咽干口渴等症的人服食。樱桃性温热，热性病及虚热咳嗽者和糖尿病患者忌食，有过敏史者慎食，其核仁含氰苷，水解后会产生氢氰酸，食用时小心中毒。

3. 任务导入

初步掌握黑森林蛋糕的制作工艺，能够根据配方和操作步骤制作黑森林蛋糕。

4. 任务实施

1）产品配方

黑森林蛋糕的配方如表 4-7 所示。

表 4-7　黑森林蛋糕的配方

原 料 名 称	数　量	图　示
海绵蛋糕坯		
蛋黄	90 克	
砂糖	110 克	
蛋白	135 克	
蛋糕粉	40 克	
可可粉	28 克	
黄油	28 克	
巧克力碎	200 克	
樱桃酱		
黑樱桃	120 克	
酸樱桃	65 克	
樱桃汁	130 克	
砂糖	19 克	
淀粉	5 克	
樱桃酒	5 克	
奶油糖水		
淡奶油	500 克	
糖粉	50 克	
砂糖	50 克	
水	50 克	
樱桃酒	15 克	

2）工艺流程

打发蛋黄→打发蛋白→过筛溶化→搅拌均匀→加入黄油→灌模烘烤→淀粉水合→煮沸原料→淀粉糊化→打发奶油→煮沸糖水→刷上糖水→挤入馅料→装饰蛋糕→成品。

3）操作步骤

黑森林蛋糕操作步骤一览表如表 4-8 所示。

表 4-8　黑森林蛋糕操作步骤一览表

步　骤	制 作 方 法	图　示
打发蛋黄	将蛋黄和一半砂糖混合打发至颜色发白的膨松状	

步　骤	制作方法	图　示
打发蛋白	将蛋白打发至有大气泡时，少量多次加入剩余的砂糖，打发至不软不硬的状态，即中性发泡	
过筛溶化	将可可粉、蛋糕粉过筛；将黄油溶化后冷却，不要凝固	
搅拌均匀	将打发的蛋黄和打发的蛋白混合到一起打发至八分，加入过筛的可可粉、蛋糕粉再打发至八分	
加入黄油	取出一部分面糊放入黄油中搅拌均匀，再倒回面糊里搅拌均匀	
灌模烘烤	将面糊灌入模具后，以上火190℃、下火180℃烘烤30分钟，烤好后倒扣过来冷却	
淀粉水合	取出少部分樱桃汁，和淀粉搅拌成淀粉水，备用	
煮沸原料	将剩余樱桃汁和砂糖、樱桃酒一起煮沸	
淀粉糊化	慢慢加入淀粉水，煮开，再加入黑樱桃和酸樱桃，煮开后放凉	

步　骤	制 作 方 法	图　示
打发奶油	在淡奶油中加入糖粉，打发至八分	
煮沸糖水	将砂糖、水煮沸后放凉，加入樱桃酒	
刷上糖水	将蛋糕坯分割成三片，在蛋糕坯上刷上糖水	
挤入馅料	用圆形花嘴将奶油挤到蛋糕坯上，呈圆圈状，放入樱桃酱，再挤一层奶油，放一层蛋糕坯，重复此操作一次后，再放一层蛋糕坯	
装饰蛋糕	在蛋糕上抹上奶油，用巧克力碎包裹，再用剩余樱桃装饰，即可食用	
产品特点	组织细腻，层次分明，口感绵软	

5. 指点迷津

（1）做奶油蛋糕底的海绵蛋糕承重性较好。做海绵蛋糕最简单的是全蛋打发，只要鸡蛋是常温的就很容易打发。当然，从冰箱里拿出来的鸡蛋也没关系，可用分蛋法打发。

（2）分蛋法打发：先分离蛋黄、蛋白；然后高速打发蛋白，中间分三次加入糖，打到湿性发泡；最后加入蛋黄低速搅打均匀。

（3）如果不想自制巧克力碎，可直接买巧克力碎使用。

6. 任务评价

通过本任务的学习，填写任务评价表，如表 4-9 所示。

表 4-9 任务评价表

项　目	自我评价			小组评价	教师评价
	A	B	C		
市场调研 同类产品					
实践任务					

7. 学习与巩固

（1）黑森林蛋糕是德国非常有代表性的甜点之一，它巧妙地融合了_____的酸、巧克力的苦、_____的甜，并且还带有_____的醇香，给人一种生活美好的感觉。

（2）樱桃中含有大量铁元量、红色素、_____，以及_____、磷等微量元素，其维生素含量比葡萄、苹果、橘子多。

任务 4.4　抹茶戚风蛋糕卷制作

　　戚风蛋糕的制作原料主要是色拉油、鸡蛋、糖、低筋面粉等，其味道浓郁，可以加巧克力、水果等配料。色拉油不容易打发，因此需要把蛋白打发成泡沫状，来提供足够的空气以支撑蛋糕。戚风蛋糕中含有足量的色拉油和鸡蛋，因此非常湿润。抹茶戚风蛋糕卷最近比较流行，清新的抹茶绿赋予了蛋糕自然的颜色，抹茶的清香又赋予蛋糕卷别样的口感，使蛋糕卷的颜色、口感都呈现出另一种风格。

　　抹茶戚风蛋糕卷成品如图 4-4 所示。扫描图片右侧二维码可以观看制作视频。

抹茶戚风蛋糕卷制作

图 4-4　抹茶戚风蛋糕卷成品

1. 任务目标

（1）了解制作抹茶戚风蛋糕卷所使用的原料的特性及制作用途。

（2）掌握制作抹茶戚风蛋糕卷的工具及设备的使用方法。

（3）熟练掌握抹茶戚风蛋糕卷的工艺流程和制作技巧。

2. 知识学习

1）淡奶油打发

淡奶油也叫稀奶油，一般是指可以打发、裱花用的动物奶油，脂肪含量一般为 35%，打发成固态后就是蛋糕上面装饰用的奶油了。其相对于植物奶油来说更健康。因为没有加糖，所以称之为淡奶油。

2）提升淡奶油稳定性的方法

（1）添加黄油。淡奶油和黄油都是从牛奶中提取出来的。把黄油加到淡奶油中，淡奶油的乳脂含量就提高了，随着乳脂含量的提高，淡奶油的稳定性也就随之提升了。加入黄油后的淡奶油口感也不会过于厚重。

（2）添加黑、白巧克力。巧克力中含有很多脂肪，取适量黑、白巧克力，溶化后加入淡奶油中，不仅能提升淡奶油的稳定性，还能增加淡奶油的风味。

（3）添加黄原胶。很多食品添加剂中都含有黄原胶。黄原胶是从玉米淀粉中提取的，可以放心使用，比吉利丁的效果更好。安佳奶油中含有黄原胶及其他果胶等，因此如果使用的是安佳奶油，就不需要额外加黄原胶了。

（4）添加玉米淀粉。玉米淀粉糊化就会变成胶状，也可以提升淡奶油的稳定性。如果没有黄原胶与吉利丁，则可以添加玉米淀粉代替。

3）液体的选择

制作蛋糕所用的液体大都是全脂牛奶，也可使用炼乳、脱脂牛奶或脱脂奶粉加水。如果要增加特殊风味，则可使用果汁或果酱作为液体的配料。

4）液体在蛋糕制作中的作用

（1）调节面糊的稀稠度。

（2）增加水分。

（3）使组织细腻，降低油性。

（4）增加产品风味（如牛奶、果汁）。

3. 任务导入

初步掌握抹茶戚风蛋糕卷的制作工艺，能够根据配方和操作步骤制作抹茶戚风蛋糕卷。

4. 任务实施

1）产品配方

抹茶戚风蛋糕卷的配方如表 4-10 所示。

表 4-10　抹茶戚风蛋糕卷的配方

原 料 名 称	数　　量	图　　示
鸡蛋	200 克	
砂糖（1）	10 克	
色拉油	40 克	
牛奶	40 克	
低筋面粉	25 克	
砂糖（2）	30 克	
抹茶粉	15 克	
淡奶油	200 克	
砂糖（3）	14 克	

2）工艺流程

搅拌均匀→搅拌粉类→放入蛋黄→打发蛋白→搅拌均匀→灌模抹平→烘烤晾凉→打发奶油→晾凉倒扣→打发涂抹→卷制冷藏→奶油装饰→成品。

3）操作步骤

抹茶戚风蛋糕卷操作步骤一览表如表 4-11 所示。

表 4-11　抹茶戚风蛋糕卷操作步骤一览表

步　　骤	制 作 方 法	图　　示
搅拌均匀	将牛奶、色拉油、砂糖（1）混合在一起搅拌均匀	
搅拌粉类	加入过筛后的低筋面粉和抹茶粉的混合物，搅拌均匀	
放入蛋黄	将蛋黄和蛋白分离，蛋黄放入面糊中，搅拌均匀	

续表

步　骤	制 作 方 法	图　示
打发蛋白	将蛋白打发至有大气泡时少量多次加入砂糖（2），打发至不软不硬的状态，即中性发泡	
搅拌均匀	将打发的蛋白分三次加入面糊中，搅拌均匀	
灌模抹平	将搅拌均匀的面糊倒入铺好油纸的烤盘中，用刮刀或抹刀抹平，将烤盘拿起在案板上振2～3下，去除气泡	
烘烤晾凉	放入提前预热好的烤箱，以上火180℃、下火160℃烘烤14分钟左右，出炉晾凉	
打发奶油	将淡奶油加砂糖（3）打发至八分	
晾凉倒扣	在晾凉后的蛋糕坯上铺上油纸，倒扣过来，将表面的油纸撕掉	
打发涂抹	将打发的淡奶油均匀地涂抹在蛋糕坯表面	
卷制冷藏	将擀面杖放在油纸下方与蛋糕卷起的方向做反向转动，将蛋糕卷成卷状，接口朝下放入冰箱，冷藏定型	
奶油装饰	将蛋糕卷从冰箱中取出，去除油纸，进行奶油装饰	
产品特点	口感细腻绵软，组织均匀，颜色纯正	

5. 指点迷津

1）100% 成功手打蛋白的步骤

（1）先将蛋白打发至有大气泡时再加入砂糖搅打。

（2）倾斜盆身让打蛋器尽量浸入蛋白，持续搅打至蛋白开始堆积。

（3）打蛋器可以带出长长的蛋白糊时，第二次加入砂糖搅打。

（4）打蛋器带出的面糊变短，形成弯钩状时，第三次加入砂糖（加完）搅打。

蛋白尖角略弯为湿性打发，蛋白尖角完全直立为干性打发。

2）打发蛋白的其他注意事项

（1）打蛋器和打蛋盆都要确保无水、无油。

（2）鸡蛋要新鲜，常温的鸡蛋更容易打发。

（3）蛋白、蛋黄要清楚分开，蛋白里不能有蛋黄。

（4）砂糖最好均分三次加入，但不需要精确每次的量。

（5）手动打蛋器的条数越多，越容易打发。

6. 任务评价

通过本任务的学习，填写任务评价表，如表 4-12 所示。

表 4-12　任务评价表

项　　目	自 我 评 价			小 组 评 价	教 师 评 价
	A	B	C		
市场调研 同类产品					
实践任务					

7. 学习与巩固

（1）在打发蛋白时，打蛋器和打蛋盆都要确保无 _____、无油。

（2）将擀面杖放在油纸 _____ 与蛋糕卷起的方向做反向转动，将蛋糕卷成卷状，接口朝 _____ 放入冰箱，冷藏定型。

项目 5　泡芙类点心

项目导入

　　泡芙是一道源自意大利的甜品，它是以液体（水或牛奶）、油脂、面粉、鸡蛋等为主要原料，经过油脂和液体同时煮沸、烫熟面粉、加入鸡蛋搅拌、成形、烤制、装饰等工艺过程制成的点心。泡芙具有色泽金黄、外皮干爽、内部绵软适口的特点。泡芙是西点中较普遍的一种，有多年的历史和多种制作方法，一般以半成品的形式出现，食用时必须进行二次加工。

　　本项目分为 2 个任务，讲述了酥皮泡芙（Crispy Puff）、香草闪电泡芙（Vanilla Lightning Puff）的制作方法。

任务 5.1　酥皮泡芙制作

 产品介绍

酥皮泡芙主要由小麦粉、奶油、鸡蛋制作而成。其口味香甜、浓郁，表皮酥松，内馅细腻，可以根据需要制成不同大小。其也可用于制作车轮泡芙，是一款非常受欢迎的产品。

酥皮泡芙成品如图 5-1 所示。扫描图片右侧二维码可以观看制作视频。

酥皮泡芙制作

图 5-1　酥皮泡芙成品

1. 任务目标

（1）了解制作酥皮泡芙所使用的原料的特性及制作用途。

（2）掌握制作酥皮泡芙的工具及设备的使用方法。

（3）熟练掌握酥皮泡芙的工艺流程和制作技巧。

2. 知识学习

1）淡奶油的功效与作用

（1）淡奶油可以补充人体所需的维生素。淡奶油中含有很多脂肪，比我们常喝的牛奶中脂肪多，其维生素含量也非常高，尤其是维生素 A 和维生素 D。吃淡奶油可以给人体补充大量的维生素，预防维生素缺乏症，同时还能够促进人体对钙的吸收。

（2）淡奶油能让人产生饱腹感。淡奶油中的脂肪含量很高，可以让人维持正常的体温，起到保护内脏的作用，可以给人体补充必要的脂肪酸，还可以增强人体对脂溶性维生素的吸收能力，更重要的是，吃淡奶油可以让我们产生饱腹感。

（3）淡奶油有利于身体发育。淡奶油中的营养物质非常丰富，对人体的血液循环有促进作用，还能够保护中枢神经和免疫系统，增强免疫力。吃淡奶油可以使身体发育得更好、更快。不过，淡奶油不可以吃太多，因为不好消化。

2）不同种类的奶油霜

英式奶油霜：最为稳定，操作简单；口感甜腻厚重，适合裱花，抹面较为粗糙。

意式奶油霜：添加了意式蛋白霜，操作复杂；口感轻盈、味道清爽；颜色较白，适合抹面。

法式奶油霜：需要熬煮蛋黄，操作复杂；口感香甜顺滑；颜色偏黄，适合抹面。

瑞士奶油霜：需要隔水加热蛋白至 60℃左右再打发，操作复杂；口感类似于意式奶油霜；颜色微黄，较为适合抹面。

美式奶油霜：介于法式奶油霜与意式奶油霜之间，需要隔水加热全蛋，操作复杂；口感偏甜；颜色偏黄，适合抹面。

德式奶油霜：类似于法式奶油霜，不过在蛋黄中添加了玉米淀粉（像做卡仕达酱）；口感香甜，略黏；适合裱花。

3. 任务导入

初步掌握酥皮泡芙的制作工艺，能够根据配方和操作步骤制作酥皮泡芙。

4. 任务实施

1）产品配方

酥皮泡芙的配方如表 5-1 所示。

表 5-1　酥皮泡芙的配方

原 料 名 称	数　　量	图　示
酥皮泡芙面糊		
黄油	250 克	
水	500 克	
盐	2 克	
砂糖	10 克	
低筋面粉	250 克	
鸡蛋	450 克	
酥皮		
黄油	50 克	
砂糖	50 克	
低筋面粉	50 克	
奶油内馅		
淡奶油	200 克	
砂糖	14 克	

2）工艺流程

制作酥皮→烫熟面糊→加入鸡蛋→搅拌均匀→挤制成形→刻圆上盖→烘烤冷却→制作内馅→底部灌馅→成品。

3）操作步骤

酥皮泡芙操作步骤一览表如表 5-2 所示。

表 5-2　酥皮泡芙操作步骤一览表

步　骤	制 作 方 法	图　示
制作酥皮	将软化的黄油和砂糖、低筋面粉混合在一起，搅拌均匀后，擀成 0.3 厘米厚的薄片，冷冻备用	
烫熟面糊	把水、黄油、盐、砂糖放入不锈钢锅中，用电磁炉煮沸后，将低筋面粉倒入锅中，不停搅拌，直至面糊烫熟，锅底出现一层薄膜后，停止加热，确保面糊搅拌均匀，无颗粒，无干粉	
加入鸡蛋	搅拌面糊，使其降温，分次将鸡蛋加入面糊并搅拌均匀	
搅拌均匀	继续搅拌，直至形成均匀的泡芙面糊，用橡皮刮刀提起泡芙面糊时，泡芙面糊成倒三角形薄片状，且缓慢往下流	
挤制成形	将泡芙面糊装入裱花袋中，在烤盘上挤成圆形泡芙面糊（圆形泡芙面糊的大小可根据所需进行挤制）	
刻圆上盖	将冷冻好的酥皮从冰箱中拿出来，刻成适合的圆片盖在挤好的圆形泡芙面糊上	
烘烤冷却	放入预热好的烤箱中，以上火 180℃、下火 160℃烘烤 20 分钟，关掉下火，继续烘烤 15 分钟左右（中途不要打开烤箱），烤至泡芙胀发，表面开始干硬呈金黄色后，出炉冷却备用	
制作内馅	将淡奶油和砂糖混合，打发至尖峰状态	

续表

步　　骤	制 作 方 法	图　　示
底部灌馅	将打发的奶油内馅装入裱花袋，从泡芙底部挤入冷却好的泡芙内，将泡芙内部填满	
产品特点	口感外酥内软，大小一致，色泽金黄	

5. 指点迷津

（1）酥皮泡芙为什么能形成中间空心类似球体的膨胀形态？

因为在制作过程中，面粉被烫熟，烫熟的面粉发生糊化吸收水分，并包裹住空气，然后在烘烤过程中水分变成水蒸气形成蒸气压力，就会将面皮撑开形成中空的状态。

（2）制作泡芙的时候，为什么要将面粉烫熟？

操作这步时，先要将液体煮沸，然后关火，迅速加入过筛的低筋面粉开始搅拌，搅拌至不黏锅、不黏手的状态。如果不是在沸腾的状态，那么面粉就不会被烫熟。面粉没被烫熟就不能吸收更多的水分，就会导致面糊挤出来塌陷，不够膨胀。

（3）鸡蛋与面糊混合时为什么不能一次性加完？

在制作泡芙面糊的时候，一定不能将鸡蛋一次性加入面糊中，要分多次加入，这样鸡蛋和面糊才能完美地融合，烘烤时泡芙膨胀得才会好。

（4）烘烤泡芙时，为什么中途不能打开烤箱？

烘烤泡芙时，把握好温度和时间非常重要，刚开始时用高温200℃或210℃烘烤，这样会迅速让泡芙膨胀。然后将温度调至170℃或180℃，将泡芙烤至表面呈黄褐色，这样出炉后就不会塌陷了。如果想简单些，可以一直以同一温度烘烤。中途打开烤箱会使温度骤降，泡芙遇冷就会马上塌陷，因此中途不能打开烤箱。

6. 任务评价

通过本任务的学习，填写任务评价表，如表5-3所示。

表5-3 任务评价表

项　　目	自 我 评 价			小 组 评 价	教 师 评 价
	A	B	C		
市场调研同类产品					
实践任务					

7. 学习与巩固

（1）泡芙是一道源自 _____ 的甜品。它是以液体（水或牛奶）、油脂、面粉、鸡蛋等为主要原料，经过油脂和液体同时 _____、_____ 面粉、加入鸡蛋搅拌、成形、烤制、装饰等工艺过程制成的点心。

（2）在制作泡芙面糊的时候，一定不能将鸡蛋 _____ 加入面糊中，要分多次加入，这样鸡蛋和面糊才能完美地融合，烘烤时泡芙膨胀得才会好。

任务 5.2 香草闪电泡芙制作

　　闪电泡芙的面糊和酥皮泡芙一样，都是将面粉烫熟，但在形状造型上有所不同。传说，闪电泡芙因为太过美味，让吃的人忍不住飞快地吃完，就如同闪电般迅速而得名；也有人说，闪电泡芙因为表面的酱闪光透亮，如同闪电般炫丽而得名。此款香草闪电泡芙在泡芙的内馅中加入了香草荚，使其具有独特的风味，深受人们的喜爱。

　　香草闪电泡芙成品如图 5-2 所示。扫描图片右侧二维码可以观看制作视频。

香草闪电泡芙制作

图 5-2　香草闪电泡芙成品

1. 任务目标

（1）了解制作香草闪电泡芙所使用的原料的特性及制作用途。

（2）掌握制作香草闪电泡芙的工具及设备的使用方法。

（3）熟练掌握香草闪电泡芙的工艺流程和制作技巧。

2. 知识学习

1）油脂对泡芙的作用

在制作泡芙的过程中，油脂是泡芙面糊所必需的，它除能丰富泡芙的口感外，还是促进泡芙膨胀的必备原料之一。不同的油脂对泡芙有着不同的影响。使用色拉油制作的泡芙外皮更薄，但也更容易变得柔软；使用黄油制作的泡芙外皮更加坚挺、更加完整，形状更好看，同时味道也更香。

2）鸡蛋对泡芙的作用

鸡蛋对泡芙的品质有很大的影响。配料里鸡蛋越多，泡芙的外皮就会越坚挺，口感越香酥。如果减少了鸡蛋的用量，为了保证泡芙面糊的干湿程度，就必须增加水的用量，这样制作的泡芙外皮较软，容易塌陷。

制作泡芙时，鸡蛋要酌情添加。因为当我们搅拌泡芙面糊的时候，搅拌的速度、力度和时间不一致，水分的挥发量也不一致，同时不同面粉的吸水性也不一致，这都会影响到鸡蛋的使用量。相同分量的鸡蛋，到了不同人手里，制作出来的泡芙面糊的干湿程度可能是不一样的，因此必须酌情添加，使泡芙面糊的干湿程度达到最佳。

3. 任务导入

初步掌握香草闪电泡芙的制作工艺，能够根据配方和操作步骤制作香草闪电泡芙。

4. 任务实施

1）产品配方

香草闪电泡芙的配方如表 5-4 所示。

表 5-4 香草闪电泡芙的配方

原 料 名 称	数 量	图 示
泡芙面糊		
黄油	250 克	
水	500 克	
盐	2 克	
砂糖	10 克	
低筋面粉	250 克	
鸡蛋	450 克	
香草馅		
蛋黄	80 克	
牛奶	300 克	
砂糖	75 克	
低筋面粉	15 克	
玉米淀粉	15 克	
糯米粉	5 克	备注：玉米淀粉和糯米粉称在一起
香草荚	3 克	

2）工艺流程

挤至成形→烘烤出炉→煮沸牛奶→蛋糖搅匀→加入粉类→烫蛋黄糊→淀粉糊化→贴面冷藏→底部灌馅→表面装饰→成品。

3）操作步骤

香草闪电泡芙操作步骤一览表如表 5-5 所示。

表 5-5　香草闪电泡芙操作步骤一览表

步　骤	制 作 方 法	图　示
挤至成形	将泡芙面糊（见任务 5.1 中泡芙面糊的制作）挤入裱花袋，用 18 齿花嘴将面糊挤成长 12～13 厘米、宽 2～3 厘米的长条，均匀地码放在烤盘中	
烘烤出炉	以上火 180℃、下火 160℃烘烤 30 分钟左右，烤至金黄色出炉（中间不开炉，防止塌陷）	
煮沸牛奶	将牛奶和香草荚放入复合底锅中煮沸	
蛋糖搅匀	将蛋黄和砂糖搅拌均匀，无须打发	
加入粉类	加入过筛的低筋面粉、玉米淀粉、糯米粉，搅拌均匀	
烫蛋黄糊	将煮沸的牛奶慢慢加入面糊中搅拌均匀	
淀粉糊化	搅拌均匀后倒回锅里，再放到电磁炉上以小火加热，一边加热一边不停搅拌，使淀粉糊化，呈现黏稠状时关火，倒入盛器中	

续表

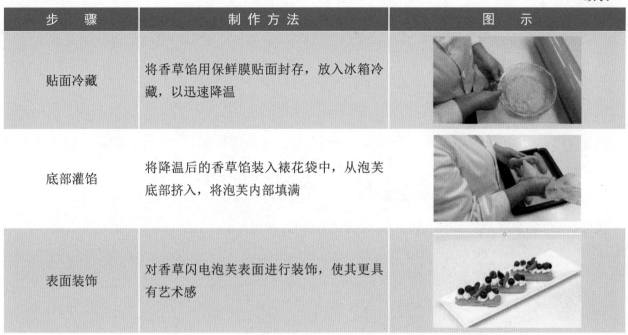

步　骤	制　作　方　法	图　示
贴面冷藏	将香草馅用保鲜膜贴面封存，放入冰箱冷藏，以迅速降温	
底部灌馅	将降温后的香草馅装入裱花袋中，从泡芙底部挤入，将泡芙内部填满	
表面装饰	对香草闪电泡芙表面进行装饰，使其更具有艺术感	
产品特点	纹路清晰，大小一致，颜色金黄，口感细腻香甜	

5. 指点迷津

淡奶油的脂肪含量一般为35%，其相对于植物奶油来说更健康。淡奶油本身不含糖，所以打发的时候要加糖。用法和植物奶油基本一样，但是比植物奶油更容易溶化。

奶油买回来以后最少冷藏12小时，要记住是冷藏不是冷冻。冷冻过的淡奶油会油水分离，不能再打发了。

6. 任务评价

通过本任务的学习，填写任务评价表，如表5-6所示。

表5-6　任务评价表

项　目	自　我　评　价			小组评价	教师评价
	A	B	C		
市场调研同类产品					
实践任务					

7. 学习与巩固

（1）淡奶油的脂肪含量一般为 _____，其相对于植物奶油来说更健康。

（2）使用 _____ 制作的泡芙外皮更加坚挺、更加完整，形状更好看，同时味道也更香。

项目6 冷冻甜品

项目导入

冷冻甜品是近年来西点中发展较快的一类甜品，以糖、鸡蛋、牛奶、乳制品为主要原料，经搅拌冷冻（或冷冻搅拌）、蒸、烤，或者蒸烤结合而制成。冷冻甜品的品种繁多、口味独特、造型各异，常见的有冰激凌、布丁、慕斯、舒芙蕾、果冻等。

冷冻甜品清香爽口，入口温度一般为 -5℃～ 5℃。冷冻甜品的制作工艺和配方并不复杂，通常是预先制作，低温保存。冷冻甜品的组织结构相对松软，能祛暑、降温、解油腻，但是甜度相对较高，营养价值单一，适合作为午餐、晚餐的餐后甜点或在非用餐时食用。

本项目分为 4 个任务，讲述了焦糖布丁（Creme Brulee）、意大利香草奶冻（Italian Vanilla Custard）、草莓慕斯（Strawberry Mousse）、苹果慕斯（Apple Mousse）的制作方法。

任务 6.1　焦糖布丁制作

　　焦糖布丁是布丁的一种，也被称为烧奶油、烧焦奶油或三一奶油。其由丰富的蛋奶酱制成，上面加了一层硬化焦糖，也是一道西式甜品。焦糖布丁通常稍微冷藏即可食用，有时会点缀水果。

　　千百年来，世界各地的人们对它的喜爱使其具有了不一样的形态，如香甜如蜜的西班牙芙朗、浪漫的法国烤布蕾等。

　　焦糖布丁成品如图 6-1 所示。扫描图片右侧二维码可以观看制作视频。

焦糖布丁制作

图 6-1　焦糖布丁成品

1. 任务目标

（1）了解制作焦糖布丁所使用的原料的特性及制作用途。

（2）掌握制作焦糖布丁的工具及设备的使用方法。

（3）熟练掌握焦糖布丁的工艺流程和制作技巧。

2. 知识学习

1）糖的介绍

通常用于制作蛋糕的糖是砂糖（白砂糖），也有些用糖粉或糖浆。在西点制作中，糖是主要原料之一。

　　砂糖是从甘蔗或甜菜中提取糖汁,经过滤、沉淀、蒸发、结晶、脱色和干燥等工艺而制成的。砂糖为白色粒状晶体，纯度高，蔗糖含量在 99% 以上。按其颗粒大小，砂糖又分为粗砂糖、中砂糖和细砂糖。如果是制作海绵蛋糕或戚风蛋糕，最好用细砂糖，因为颗粒大的砂糖往往由于使用量较大或搅拌时间短而不能溶解。如果蛋糕成品内有砂糖颗粒存在，则会导致蛋糕的品质下降，因此在条件允许时，最好使用细砂糖。

糖粉是蔗糖的再制品，为纯白色的粉状物，味道与蔗糖相同。在制作重油蛋糕或装饰蛋糕时常用糖粉。

糖浆分为转化糖浆和淀粉糖浆。转化糖浆是在砂糖中加水和酸熬制而成的；淀粉糖浆又称葡萄糖浆，通常是在玉米淀粉中加酸或加酶水解，再经脱色、浓缩而制成的黏稠液体。糖浆可用于装饰蛋糕，国外也经常在制作蛋糕面糊时添加糖浆，以起到改善蛋糕风味和保鲜的作用。

2）糖的作用

增加制品甜味，提高营养价值；改变表皮颜色，在烘烤过程中，加糖的制品表面会变成褐色并散发出香味；起到填充作用，使面糊光滑细腻、制品柔软，这是糖的主要作用；保持制品的水分，延缓制品老化，另外还具有一定的防腐作用。

3. 任务导入

初步掌握焦糖布丁的制作工艺，能够根据配方和操作步骤制作焦糖布丁。

4. 任务实施

1）产品配方

焦糖布丁的配方如表 6-1 所示。

表 6-1 焦糖布丁的配方

原 料 名 称	数 量	图 示
砂糖（1）	80 克	
水	30 克	
牛奶	160 克	
淡奶油	160 克	
砂糖（2）	30 克	
蛋黄	30 克	
鸡蛋	50 克	

2）工艺流程

煮制糖水→灌装模具→搅拌鸡蛋→煮至糖化→烫熟蛋黄→蛋奶过筛→灌装模具→温水烘烤→冷藏脱模→成品。

3）操作步骤

焦糖布丁操作步骤一览表如表 6-2 所示。

表 6-2　焦糖布丁操作步骤一览表

步　骤	制 作 方 法	图　示
煮制糖水	将砂糖（1）、水放入复合底锅，以小火熬制，不要翻炒，熬成红棕色即可	
灌装模具	把糖水倒入模具底部，均匀覆盖，备用	
搅拌鸡蛋	将鸡蛋、蛋黄搅拌均匀	
煮至糖化	将牛奶、淡奶油、砂糖（2）放入复合底锅，小火熬至砂糖溶化	
烫熟蛋黄	奶液稍微冷却后，分次倒入鸡蛋中，搅拌均匀	
蛋奶过筛	将蛋奶酱过筛两遍，使其更丝滑	
灌装模具	将蛋奶酱倒入模具中，八分满即可	
温水烘烤	将模具放入注入温水的烤盘中，烤箱提前预热，以上火 200℃、下火 180℃烘烤 30 分钟左右，出炉	

续表

步　骤	制　作　方　法	图　示
冷藏脱模	冷藏 4 个小时后，倒扣脱模即可食用	
产品特点	颜色金黄，组织细腻，口感香甜	

5. 指点迷津

布丁为什么要冷藏？

布丁冷藏的主要目的是保鲜和保持其良好的口感。在冷藏条件下，布丁中的水分子不会形成大的冰晶，从而避免对布丁结构产生影响。但是，长时间的冷藏可能导致布丁的口感发生变化。因此，布丁应尽量在短时间内吃完，避免长时间冷藏。另外，如果将布丁冷冻，则布丁会变得非常硬，影响其食用，因此在保存布丁时，最好选择冷藏的方式 。

6. 任务评价

通过本任务的学习，填写任务评价表，如表 6-3 所示。

表 6-3　任务评价表

项　目	自 我 评 价			小 组 评 价	教 师 评 价
	A	B	C		
市场调研 同类产品					
实践任务					

7. 学习与巩固

（1）布丁冷藏的主要目的是保鲜和＿＿＿＿＿＿＿其良好的口感。

（2）如果将布丁＿＿＿＿＿＿＿，则布丁会变得非常硬，影响其食用，因此在保存布丁时，最好选择＿＿＿＿＿＿＿的方式。

任务 6.2　意大利香草奶冻制作

　　奶冻是一种家常甜品，有很多种制作方法，人们可根据自己的喜好和原料来选择不同的食材配方和制作方法。奶冻味道可口、营养丰富，深受孩子们的喜欢。意大利香草奶冻是一款富含乳脂的甜点，也是意大利经典的冷冻甜品之一，其口味香甜、软滑，令人喜爱。

意大利香草奶冻成品如图 6-2 所示。扫描图片右侧二维码可以观看制作视频。

意大利香草奶冻制作

图 6-2　意大利香草奶冻成品

1. 任务目标

（1）了解制作意大利香草奶冻所使用的原料的特性及制作用途。

（2）掌握制作意大利香草奶冻的工具及设备的使用方法。

（3）熟练掌握意大利香草奶冻的工艺流程和制作技巧。

2. 知识学习

大家可能很少听说奶冻，但其实布丁和奶冻的区别并不是特别大，所以如果能将二者很好地区分开来，在平常食用的时候就可以进行明确的选择。那么布丁和奶冻之间的区别有哪些呢？

1）布丁和奶冻的外观区别

布丁和奶冻的外观区别并不是特别明显，主要可以根据大小来进行区分：布丁相对来说更小一些，而奶冻则更大一些，二者都非常美味。

2）布丁和奶冻的营养价值区别

布丁和奶冻的营养价值都非常高，都含有丰富的蛋白质，所以大家在平常的生活中可以经常购买和食用。当然，相对而言，奶冻的营养价值比布丁的营养价值更高一些，这是因为二者的成分略有差异，从而使它们的营养价值有所区别。

3）布丁和奶冻的吃法区别

布丁和奶冻的吃法相对来说区别并不是特别大，它们都可以搭配奶茶及其他饮料食用。因为布丁和奶冻放到奶茶里面，能够更好地释放它们的美味，同时也不会显得突兀。当然，布丁和奶冻直接作为休闲零食也是非常美味的。

3. 任务导入

初步掌握意大利香草奶冻的制作工艺，能够根据配方和操作步骤制作意大利香草奶冻。

4. 任务实施

1）产品配方

意大利香草奶冻的配方如表 6-4 所示。

表 6-4　意大利香草奶冻的配方

原　料　名　称	数　　量	图　　示
吉利丁片	7 克	
牛奶	60 克	
淡奶油	500 克	
砂糖	60 克	
蛋黄	30 克	
香草荚	10 克	

2）工艺流程

软化吉利丁→上火煮开→烫熟蛋黄→搅拌装模→冷却装饰→成品。

3）操作步骤

意大利香草奶冻操作步骤一览表如表 6-5 所示。

表 6-5　意大利香草奶冻操作步骤一览表

步　　骤	制　作　方　法	图　　示
软化吉利丁	将吉利丁片放入牛奶中泡软，香草荚用刀划开备用	
上火煮开	将淡奶油、砂糖、香草荚放入锅中，煮开	
烫熟蛋黄	将上述步骤中的混合物冲入蛋黄中，搅拌均匀	
搅拌装模	将蛋黄糊倒入准备好的牛奶和吉利丁片的混合物中，搅拌均匀后放至常温，再倒入预先准备好的模具中	
冷却装饰	放入冰箱中冷却，食用之前进行装饰	
产品特点	口感香甜，组织细腻	

5. 指点迷津

1）认识香草荚

香草荚，又称香子兰豆、香荚兰，俗称香草，是一种名贵的热带天然植物香料。

香草荚是西点的重要调料之一，它独有的香气使蛋糕等各种西点独具韵味。不同地区的香草荚因香味和长度不同，质量也有所不同。

大溪地香草荚最早由墨西哥移植栽种，是在极其清澈几乎无污染的环境中生长并加工的，是非常优质、高级的产品。

马达加斯加生产的香草荚占全世界产量的 60% 左右，目前从国际购买率来看，马达加斯加的波旁香草荚是最受欢迎的一种。

墨西哥是香草荚的原产地，墨西哥香草荚 1000 多年前被墨西哥的托托纳克印第安人最先培育出来，位于墨西哥东南部靠近墨西哥海岸的森林地带是香草荚的主要产地。

2）香草荚的储存

香草荚可以储存在一个密闭的玻璃容器内，或者是一个食品级塑料袋内（请确保塑料袋的质量，且必须没有异味）。一定要尽可能多地挤出空气。

香草荚不可储存在冰箱内，建议储存在密闭容器内，置于阴凉处，或者是储存在避光的容器内，再置于阴凉处。

香草荚在正确、理想的储存条件下可保存两年。如果香草荚已经干枯了，则可以在使用前将其放在温水或牛奶中数小时。

6. 任务评价

通过本任务的学习，填写任务评价表，如表 6-6 所示。

表 6-6 任务评价表

项　　目	自 我 评 价			小 组 评 价	教 师 评 价
	A	B	C		
市场调研					
同类产品					
实践任务					

7. 学习与巩固

（1）香草荚又称 _____、香荚兰，俗称 _____，是一种名贵的热带天然植物香料。

（2）香草荚可以储存在一个密闭的 _____ 内，或者是一个 _____。

任务 6.3　草莓慕斯制作

　　慕斯是一种源于法国的冷冻甜品，较布丁更柔软，入口即化，可以直接吃，也可以做蛋糕夹层。慕斯是用明胶凝结乳酪及奶油经过低温冷却后制成的，通常在制作过程中加入奶油与明胶来制作出浓稠冻状的效果。其口感膨松如棉，不必烘烤即可食用。制作慕斯使用的明胶是动物胶，因此需要置于低温处存放。

　　慕斯是现今高级蛋糕的代表。夏季要低温冷藏，冬季无须冷藏可保存 3～5 天。慕斯的种类有很多，常见的有草莓慕斯、巧克力慕斯等。

　　草莓慕斯成品如图 6-3 所示。扫描图片右侧二维码可以观看制作视频。

图 6-3　草莓慕斯成品

草莓慕斯制作

1. 任务目标

（1）了解制作草莓慕斯所使用的原料的特性及制作用途。

（2）掌握制作草莓慕斯的工具及设备的使用方法。

（3）熟练掌握草莓慕斯的工艺流程和制作技巧。

2. 知识学习

1）淡奶油打发的状态及用途

（1）打发至三分，淡奶油像奶盖那样，不会有纹路，提起打蛋头淡奶油会均匀滴落，可做蛋糕淋面。

（2）打发至五分，淡奶油呈厚酸奶状，滴落有细微纹路，纹路会慢慢消失。当淡奶油处于这种状态时，适合调色，如深红色、玫红色，达到效果后再去打发至需要的状态。

　　打发淡奶油分为两个阶段。前一阶段快速打发，后一阶段慢速搅打。每一阶段都要匀速打（先快速后慢速，绝对不可以先慢速后快速，否则打发的淡奶油不细腻，抹面都是小气泡）。

（3）打发至六七分，淡奶油有浓厚纹理，呈流质感，提起打蛋头淡奶油会断续滴落，有细微纹路且不会消失。

做很简单的蛋糕时可以用这种状态下的淡奶油做基底，也可以在这种状态下进行单色调色，如天蓝色、粉红色。打发至六七分的淡奶油还可以用于制作慕斯、冰激凌、提拉米苏、木糠杯等。

（4）打发至八分，提起打蛋头时，淡奶油不会滴落，有小弯钩产生，这个时候倾斜打蛋盆淡奶油会略微整体移动（不是流动）。

这种状态的淡奶油可以用于制作装饰性的裱花、法式圣安娜，以及蛋糕上要表现的小云朵等，也可以用于简单调色。

（5）打发至九分，提起打蛋头淡奶油呈尖角状态，倾斜蛋盆不会移动。淡奶油细腻、没有气泡、纹路清晰、塑形能力强，可用于抹面、裱花。

（6）打发至十分，用刮刀检查有粗糙气泡，可用于制作蛋糕夹层、雪媚娘馅料、蛋糕卷馅料等。夏天的蛋糕用打发至十分的淡奶油做夹馅，基本不会鼓腰。

2）打发淡奶油的小技巧

打发过头的淡奶油会油水分离。如果油水分离了，则可以加入两大勺全脂奶粉，然后用手动打蛋器搅拌一下，就基本可以恢复到正常的状态了。这样的淡奶油可以制作慕斯蛋糕、冰激凌，不过用来抹面、裱花可能就不太合适了。油水分离后，还可以制作黄油和乳酪，继续打发到分离出明显的黄色固体和较为清澈的液体，然后拿有细孔的纱布包住黄色固体，挤出多余的液体，剩下的黄色固体就是黄油了。

建议打发淡奶油的量最少为200克，最多为1000克，效果会比较好。低速打发淡奶油，刚开始的时候是有水声的，过一会儿就没有水声了，这时淡奶油就成了固态，但还没出现纹路，马上停止打发。这种已经成为固态，但还不会很硬的淡奶油，最适合抹面。如果用于裱花，就继续打发，时间5秒、5秒地加，出现纹路马上停止，这时奶油挂在打蛋头上，不会滴下来。注意一定不能打过头，打过头的淡奶油就会变成豆腐渣，不能裱花了。

3. 任务导入

初步掌握草莓慕斯的制作工艺，能够根据配方和操作步骤制作草莓慕斯。

4. 任务实施

1）产品配方

草莓慕斯的配方如表6-7所示。

表 6-7　草莓慕斯的配方

原 料 名 称	数 量	图 示
淡奶油	225 克	
草莓果茸	225 克	
吉利丁片（冷水泡软）	10 克	
砂糖	90 克	
粉色奥利奥饼干碎	60 克	
黄油	30 克	

2）工艺流程

溶化搅拌→成形冷藏→冷水泡软→上火煮开→加吉利丁→打发奶油→入模冷冻→脱模装饰→成品。

3）操作步骤

草莓慕斯操作步骤一览表如表 6-8 所示。

表 6-8　草莓慕斯操作步骤一览表

步 骤	制 作 方 法	图 示
溶化搅拌	将粉色奥利奥饼干碎和溶化好的黄油搅拌均匀	
成形冷藏	将上面的混合物铺入模具中，用擀面杖压实，放入冰箱冷藏备用	
冷水泡软	将吉利丁片提前 10 分钟用冷水泡软	
上火煮开	将草莓果茸、砂糖放入锅中，上火煮开	
加吉利丁	待草莓果茸冷却到 50℃左右时，加入冷水泡好的吉利丁片，搅拌均匀	

续表

步　骤	制 作 方 法	图　示
打发奶油	将淡奶油打发至六分，与上述成品搅拌均匀	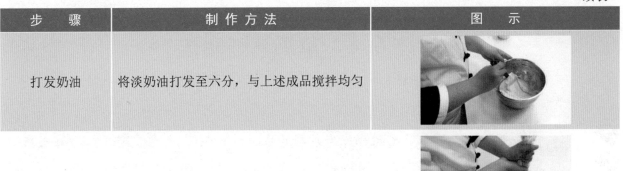
入模冷冻	装入之前的模具中，进行冷藏	
脱模装饰	从冰箱拿出后脱模，进行装饰，回温后即可食用	
产品特点	组织细腻，口感香甜，层次分明	

5. 指点迷津

慕斯储存小知识

（1）冷藏可保存 3 ～ 7 日，冷冻可保存 10 日，但不要反复解冻。

（2）冷藏保存时，请用密封盒或使用保鲜膜密封，以防止慕斯变干燥及冰箱异味渗入。

（3）冷冻保存时，可将原包装直接放入冰箱冷冻保存，食用前 20 ～ 30 分钟取出。

（4）若从冰箱拿出来较久，慕斯变软，则可放入冰箱冷藏一下再享用。

6. 任务评价

通过本任务的学习，填写任务评价表，如表 6-9 所示。

表 6-9　任务评价表

项　　目	自 我 评 价			小 组 评 价	教 师 评 价
	A	B	C		
市场调研同类产品					
实践任务					

7. 学习与巩固

（1）慕斯冷藏可保存 _____ 日，冷冻可保存 _____ 日，但不要反复解冻。

（2）慕斯是用明胶凝结乳酪及奶油经过 _____ 后制成的，通常在制作过程中加入奶油与凝固剂来制作出浓稠冻状的效果。其口感膨松如棉，不必烘烤即可食用。

任务 6.4　苹果慕斯制作

　　本款苹果慕斯将英式奶酱作为慕斯基底，配以茉莉花茶，将调制好的慕斯液灌入苹果模具中，中间将制作好的苹果啫喱放入其中，再调制红色淋面为冷冻好的苹果慕斯"穿衣"，使其拥有苹果的造型。苹果的酸甜和慕斯的香醇茶香混合在一起，口感细腻。类似的慕斯产品在市场上已经比较常见了，口感富有层次，造型美观，深受广大消费者的喜爱。

　　苹果慕斯成品如图 6-4 所示。扫描图片右侧二维码可以观看制作视频。

图 6-4　苹果慕斯成品

苹果慕斯制作

1. 任务目标

（1）了解制作苹果慕斯所使用的原料的特性及制作用途。

（2）掌握制作苹果慕斯的工具及设备的使用方法。

（3）熟练掌握苹果慕斯的工艺流程和制作技巧。

2. 知识学习

制作慕斯的必备材料具体如下。

1）牛奶

牛奶给慕斯提供所需要的基本水分，其营养价值高，能使慕斯的口感更爽口，也可使慕斯的质地更细腻润滑。如果用水来代替牛奶，虽然可行，但慕斯的风味、口感会大大下降。

2）吉利丁

吉利丁具有强大的吸水特性和凝固功能,慕斯主要就是靠吉利丁的吸水特性来凝结成形的。

吉利丁从外观上来看分为片状、粉状、颗粒状，是一种干性材料。在使用之前必须将其用冷水完全浸泡变软后再使用。如果不用冷水浸泡，就会出现溶化不均匀的现象，容易有颗粒沾在盆边上。同时需注意，泡吉利丁的水温必须低于28℃，因为在28℃的时候吉利丁就会开始慢慢溶化。

吉利丁常为半透明的黄褐色，有轻微腥臭味，需要泡水去腥，经脱色去腥精制的吉利丁颜色较透明、价格较高。

吉利丁片须存放于干燥处，否则受潮会黏结。吉利丁粉、吉利丁颗粒的腥味较大，颜色透明度没有吉利丁片好，且不易保存。在买不到吉利丁片的情况下可以用吉利丁粉代替。一般这些材料在淘宝店铺均可买到。

3）糖

糖在慕斯中起到增加甜味、光泽及保湿的作用，这是慕斯制作成功的前提，所以糖在配方中是必不可少的。如果不爱吃甜的话，就用木糖醇代替。

甜味：糖是甜点最基本的甜味来源。无糖的点心一般不具备甜味，让人难以入口，这就称不上是所谓的甜点了。市场上有很多无糖食品，这种无糖食品并不是没有甜味，只不过它的甜味来自木糖醇，而不是甘蔗、甜菜。

光泽：由于糖的湿黏体分布在慕斯体内，可使慕斯富有光泽，尤其是切块慕斯，其切开的刀口处可显示出光泽。

保湿：糖的吸湿性很强，可以使慕斯体内的水分不至于快速流失，为此糖的用量越多，保质期就越长，稳定性就越佳。不过糖的用量过多也不行，许多人不太爱吃甜。

选购要点：常用的糖为色泽较白的砂糖。

4）鸡蛋

鸡蛋是制作慕斯的重要原料之一，因鸡蛋具有较好的中和作用，能促成慕斯的稳定，以及调节由动物胶弹性过大所造成的布丁状，这个中和作用来自鸡蛋中的一个成分——卵磷脂。

选购要点：一定要选新鲜的鸡蛋。判断是否为新鲜鸡蛋的方式：把鸡蛋放在装有冷水的杯子里，如果鸡蛋完全沉底且横在杯底则为新鲜鸡蛋；鸡蛋垂直于杯底表示已经不新鲜了；鸡蛋完全浮于水面上表示鸡蛋已变质。

5）奶油

奶油是一种油脂含量很高的奶制品，除具有浓郁的奶香味以外，其一方面可填充慕斯使慕斯的体积膨大，具有良好的弹性，另一方面可令慕斯的口感更细腻爽口。

奶油按成分的不同分为两种类型：植物奶油和动物奶油（淡奶油）。一般情况下，奶油的不同会直接影响慕斯的口感和口味，因此最好选择淡奶油。主要是因为淡奶油没有任何甜味，只有浓郁的奶香味。

选购要点：安佳淡奶油的口感最佳。

因为慕斯的水分含量高，所以夹在慕斯中的蛋糕坯应为水分含量低的，一般情况下会选用海绵蛋糕坯，蛋糕坯在慕斯中更多的是起到支撑的作用。

选购要点：蛋糕坯以海绵蛋糕坯（全蛋式、分蛋式）为主。

3. 任务导入

初步掌握苹果慕斯的制作工艺，能够根据配方和操作步骤制作苹果慕斯。

4. 任务实施

1）产品配方

苹果慕斯的配方如表 6-10 所示。

表 6-10 苹果慕斯的配方

原 料 名 称	数 量	图 示
慕斯液		
水	27 克	
牛奶	50 克	
淡奶油（1）	100 克	
茉莉花茶叶	5 克	
蛋黄	50 克	
砂糖	45 克	
吉利丁片	10 克	
淡奶油（2）	200 克	
苹果夹心		
富士苹果	500 克	
砂糖	100 克	
吉利丁片	10 克	
水	100 克	
淋面、装饰		
白巧克力	75 克	
葡萄糖	75 克	
砂糖	75 克	
水	62.5 克	
炼乳	100 克	
吉利丁片	120 克	
食用色素	4 克	
黑巧克力	20 克	
薄荷叶	10 克	
蛋糕片	100 克	
饼干	100 克	

2）工艺流程

煮制原料→搅拌均匀→搅拌冷藏→去皮切丁→翻炒上色→煮至冒泡→灌模冷冻→煮开焖制→打发蛋黄→煮开搅拌→搅拌离火→降温搅拌→打发奶油→灌入模具→裹上淋面→装饰回温→成品。

3）操作步骤

苹果慕斯操作步骤一览表如表 6-11 所示。

表 6-11　苹果慕斯操作步骤一览表

步　骤	制 作 方 法	图　示
煮制原料	将葡萄糖、水、炼乳、砂糖放入复合底锅中，煮至 103℃	
搅拌均匀	将黑巧克力、白巧克力加入煮好的原料中搅拌均匀	
搅拌冷藏	加入吉利丁片、食用色素，搅拌均匀，冷藏保存 12 小时以上备用	
去皮切丁	将苹果去皮切丁	
翻炒上色	将苹果、砂糖放入锅中加热，开中火将苹果翻炒成焦糖色	
煮至冒泡	倒水，煮至冒泡	
灌模冷冻	晾凉至 30℃，加入泡软的吉利丁片，灌入模具中，放入冰箱冷冻定型	

续表

步　骤	制作方法	图　示
煮开焖制	将水、牛奶、淡奶油（1）放入复合底锅中煮开，并加入茉莉花茶叶，离火后，包上保鲜膜焖10分钟左右，把茶叶味焖出来	
打发蛋黄	将蛋黄和砂糖放入盆中，用打蛋器打发至发白	
煮开搅拌	将奶油混合物中的茉莉花茶叶过滤出来，再次煮开，冲入打发好的蛋黄糊中，不停地搅拌	
搅拌离火	将以上液体再次倒入复合底锅中，进行小火加热，并不停搅拌至83℃左右时离火	
降温搅拌	离火后降温至60℃左右，放入泡好的吉利丁片，搅拌均匀	
打发奶油	将淡奶油（2）打发至六分，和以上混合物搅拌均匀	
灌入模具	将慕斯液倒至苹果模具的1/3处，将冷冻好的苹果夹心放入模具正中，再将慕斯液倒至九分满，用准备好的圆形蛋糕片封底，放入冰箱冷冻4小时以上	
裹上淋面	将冷冻好的慕斯脱模，用牙签从苹果慕斯顶部插入，将苹果慕斯放入30℃～35℃的淋面中，使淋面完全包裹住苹果慕斯，取出待淋面凝固后，放在准备好的饼干上面	

续表

步 骤	制 作 方 法	图 示
装饰回温	将薄荷叶放在苹果慕斯上，回温后即可食用	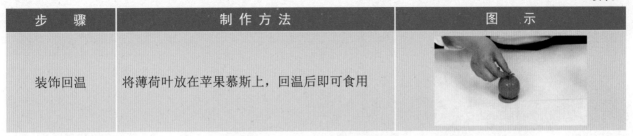

产品特点	颜色透亮、均匀，外表光滑无瑕疵，口感香醇，质地细腻

5. 指点迷津

1）如何使淋面顺滑无气泡

制作淋面的过程中不可以使用打蛋器搅拌，容易产生气泡，需要使用手持料理棒来消除气泡，必要时还需要过筛。

2）淋面的浓稠度

淋面的浓稠度一定要控制好，不可以太稠或太稀。太稠会导致淋面流动性差，表皮过厚，不易于抹平；太稀会导致流动性强，淋面不易于停留在慕斯表面。

3）淋面的温度

淋面的温度最好控制为30℃～35℃，操作要快、稳，还需要用抹刀抹掉多余的部分。

6. 任务评价

通过本任务的学习，填写任务评价表，如表6-12所示。

表6-12 任务评价表

项 目	自 我 评 价			小 组 评 价	教 师 评 价
	A	B	C		
市场调研 同类产品					
实践任务					

7. 学习与巩固

（1）淋面的温度最好控制为_____，操作要快、_____，还需要用抹刀抹掉多余的淋面。

（2）将葡萄糖、水、炼乳、砂糖放入复合底锅中，煮至_____℃。

项目 7　清酥类点心

　　清酥类点心也称起酥类点心。清酥类点心的品种繁多，层次清晰，入口酥香，深受人们的喜爱。清酥类点心的制作是一项难度大、工艺要求高、操作较为复杂的工作。该类点心的制作过程中没有使用任何化学膨松剂，但是在烘烤后却可以膨胀到原有厚度的 8 倍。

　　本项目分为 2 个任务，讲述了草莓拿破仑酥（Strawberry Napoleon Pastry）、苹果国王饼（Apple King Cake）的制作方法。

任务 7.1　草莓拿破仑酥制作

拿破仑酥，即一千层酥皮的意思，所以它又被称为千层酥。它的面团是由两种不同性质的面团组成的清酥面团：一种是由面粉、水及少量油脂调制而成的水面团；另一种是油脂中含有少量面粉的油面团。两者相互擀叠形成清酥面团，水面团与油面团互为表里，有规律地相互隔绝，形成多层次、易于膨胀的酥皮。

拿破仑酥造价不菲，使用了繁杂的起酥工艺，且酥皮之间的夹层丰富，可以是淡奶油，也可以是卡仕达酱，甚至可以放你喜欢的任何馅料。拿破仑酥与草莓搭配，口感更加别致。

草莓拿破仑酥成品如图 7-1 所示。扫描图片右侧二维码可以观看制作视频。

草莓拿破仑酥制作

图 7-1　草莓拿破仑酥成品

1. 任务目标

（1）了解制作草莓拿破仑酥所使用的原料的特性及制作用途。

（2）掌握制作草莓拿破仑酥的工具及设备的使用方法。

（3）熟练掌握草莓拿破仑酥的工艺流程和制作技巧。

2. 知识学习

清酥面团的包油与擀制、折叠是制作清酥类点心的关键工序，也是对操作技术要求很高的工序，操作的成败直接会影响成品质量。

包油有两种方法：一种是面包油，是现在普遍使用的一种方法；另一种是油包面，操作难度相对较高。清酥面团的擀制、折叠方法有三等分折叠和四等分折叠两种，根据需要而定。

制作清酥面团，要注意以下几点。

（1）使油面团和水面团的尺寸大小相对应。

（2）油面团和水面团的软硬度要一致，这样可以避免因两个面团的软硬度不一致而出现油脂分布不均匀或漏油的现象，从而破坏层次，降低成品质量。

（3）用擀面杖擀制清酥面团时，两手用力要均匀，不要用力过猛，避免油脂外溢而影响制品的膨胀效果。面团每擀制、折叠一次要旋转90°，这样可以防止面团沿一个方向收缩。

（4）在擀制、折叠操作过程中，面团要保持低温状态，所以操作室的温度需调整至20℃左右。面团擀制、折叠后可以冷藏静置，温度不能太低，否则会使清酥面坯变得很硬，从而破坏层状组织。

（5）折叠次数不要过多，也不要过少。若折叠次数过多，面坯成熟后层次不清，酥而不松；若折叠次数过少，烘烤时油脂易外溢，影响成品质量。

（6）除手工操作外，清酥面坯也可以用酥皮机制作，既方便又能保证质量。使用酥皮机制作面坯时，注意机器刻度不可一次调得过大，这样会出现油脂分布不均匀或漏油现象，降低成品质量。

3. 任务导入

初步掌握草莓拿破仑酥的制作工艺，能够根据配方和操作步骤制作草莓拿破仑酥。

4. 任务实施

1）产品配方

草莓拿破仑酥的配方如表 7-1 所示。

表 7-1　草莓拿破仑酥的配方

原 料 名 称	数 量	图 示
清酥面团		
高筋面粉	250 克	
低筋面粉	50 克	
黄油	120 克	
水	130 克	
盐	8 克	
起酥油	145 克	备注：高筋面粉、低筋面粉、盐称在一起

续表

原 料 名 称	数 量	图 示
卡仕达酱馅料		
蛋黄	30 克	
砂糖	30 克	
玉米淀粉	25 克	
牛奶	250 克	
黄油	20 克	

2）工艺流程

搅拌成团→冷藏松弛→包入油酥→擀制面团→折叠冷藏→压面擀薄→打孔冷冻→烤至金黄→冷却切割→混合煮开→搅拌过筛→搅拌冷藏→组装装饰→成品。

3）操作步骤

草莓拿破仑酥操作步骤一览表如表 7-2 所示。

表 7-2　草莓拿破仑酥操作步骤一览表

步　骤	制 作 方 法	图　示
搅拌成团	调制水面团，将高筋面粉、低筋面粉、盐、黄油、水倒入和面机内，慢速搅拌成面团	
冷藏松弛	将面团从和面机中取出放置在案台上，用手稍揉至表面光滑，并整理成长方形，放在撒有面粉的平盘内，封上保鲜膜，放入冰箱内冷藏 30 分钟让面团松弛（放入冰箱使面团松弛是为了后续易于擀制成形）	
包入油酥	先将水面团用擀面杖擀长，再将起酥油擀成水面团长度的一半，宽度一致，放在水面团中间	
擀制面团	用水面团包裹住起酥油，再用擀面杖擀长	
折叠冷藏	去掉两边多余的部分，对折成 3 层，再擀成长条形，再折 3 层，放冰箱冷藏两个小时以上，取出再擀长，折 4 层，冷藏 2 小时以上备用，至此，清酥面团制作完成	

续表

步　骤	制　作　方　法	图　示
压面擀薄	将清酥面团从冰箱里拿出化软后，用擀面杖擀成 3 毫米厚的长方片	
打孔冷冻	去掉多余边料，打孔后冷冻，再取出化软	
烤至金黄	先以上火 220℃、下火 200℃烘烤 10 分钟，再以上火 170℃、下火 160℃烘烤 20 分钟，烤至金黄色即可	
冷却切割	冷却后切割成若干 12 厘米 ×4 厘米的长条	
混合煮开	将蛋黄、砂糖搅拌均匀备用，将玉米淀粉、牛奶煮开	
搅拌过筛	将煮开的玉米淀粉和牛奶冲入蛋黄中，不断搅拌，过筛后，再进行煮制，煮至 95℃左右离火	
搅拌冷藏	将黄油放入蛋黄糊中，搅拌均匀后，放入容器中，贴面冷藏备用	
组装装饰	取出三片拿破仑片组成一个拿破仑酥成品，在每片拿破仑片上挤上卡仕达酱，在表面装饰后即可食用	
产品特点	口感酥松，层次分明，颜色金黄	

5. 指点迷津

（1）清酥面坯成形后在烘烤前应置于凉爽处或在冰箱中静置 20 分钟左右才能入炉烘烤，这样会让面坯松弛，减少收缩。

（2）烘烤温度和时间的设定。一般进炉温度为 220℃～230℃，下火温度可以稍微低些，为 210℃左右，时间为 30 分钟左右。若烘烤温度太低，面坯不容易膨胀，制品中的油脂在面坯还未膨胀时就开始溶化，从而造成外溢，直接影响制品的美观和口感；若烘烤温度太高，时间短，制品易外焦内生，也可能造成制品出炉塌陷，不成熟。

对于体积较小的清酥类点心，宜用较高的温度烘烤，适当缩短烘烤时间，烘烤时烤箱内最好有蒸气设备。因为蒸气可防止制品表面过早凝结，使每一层面皮都可以无束缚地膨胀起来，增加制品的膨胀度。

对于体积较大的清酥类点心，要采用稍微低的温度烘烤，既保证了制品的成熟和酥松度，又可以防止制品表面上色过度；也可以先用高温烘烤至面坯充分膨胀，再把温度降到 175℃，烘烤至制品松脆即可。因制品体积大，若温度太高，制品表面已上色、成熟，但制品内部还未膨胀到最大体积，这时制品不会再继续膨胀，从而会影响制品的酥松度。含糖量较高或表面覆盖含糖制品的点心，烘烤的上火温度应略低、下火温度应略高，时间应短些。

6. 任务评价

通过本任务的学习，填写任务评价表，如表 7-3 所示。

表 7-3　任务评价表

项　　目	自 我 评 价			小 组 评 价	教 师 评 价
	A	B	C		
市场调研					
同类产品					
实践任务					

7. 学习与巩固

（1）油面团和水面团的 _____ 度要一致，这样可以避免因两个面团的 _____ 不一致而出现油脂分布不均匀或漏油的现象，从而破坏层次，降低成品质量。

（2）清酥面团的擀制、折叠方法有 _____ 分折叠和四等分折叠两种。

任务 7.2　苹果国王饼制作

　　国王饼是法国的传统糕点，每年1月6日前后都会出现它的身影，就像我们元宵节吃汤圆、端午节包粽子、重阳节品糕一样。传统的国王饼用酥皮包裹了杏仁奶油酱，今天将内馅换成苹果馅，赋予国王饼新的口味。

　　苹果国王饼适合与甜度较高的白葡萄酒搭配食用，白葡萄酒通常被视作国王饼的最佳搭档。另外，作为一种用来期待新年有好运的节日点心，用带有庆祝感的香槟来搭配也是不错的选择。

　　苹果国王饼成品如图7-2所示。扫描图片右侧二维码可以观看制作视频。

苹果国王饼制作

图 7-2　苹果国王饼成品

1. 任务目标

（1）了解制作苹果国王饼所使用的原料的特性及制作用途。

（2）掌握制作苹果国王饼的工具及设备的使用方法。

（3）熟练掌握苹果国王饼的工艺流程和制作技巧。

2. 知识学习

　　混酥类点心与清酥类点心的制作有什么区别？一般来说，清酥类点心比混酥类点心的制作难度更大，具体情况如下。

　　混酥类点心是以混酥面团为基础面团，配以各种辅料、馅料制成的甜、咸口味的点心。清酥类点心是以清酥面团为基础面团，经成形、烘烤制成的层次清晰，口感酥松的点心。混酥类点心的代表有核桃塔、柠檬塔、苹果派、南瓜派、乳酪饼干、杏仁饼干、法式松饼、巧克力曲奇饼干等。清酥类点心的代表有热狗酥卷、葡式蛋挞、蝴蝶酥、新鲜水果酥盒、法式香草酥盒等。

　　混酥类点心和清酥类点心的区别在于基础面团和用料的不同。混酥类点心的基础面团就是一块酥性面团，面坯无层次。清酥类点心是由两种不同性质的面团擀叠而成的：一种是由面粉、水及少量油脂调制而成的水面团；另一种是油脂中含有少量面粉的油面团。用料上，混酥面团选用的是筋力较小的低筋面粉，清酥面团选用的是高筋面粉；混酥面团使用的是黄油，清酥面团的油面团使用的是起酥油。

3. 任务导入

初步掌握苹果国王饼的制作工艺，能够根据配方和操作步骤制作苹果国王饼。

4. 任务实施

1）产品配方

苹果国王饼的配方如表 7-4 所示。

表 7-4　苹果国王饼的配方

原 料 名 称	数 量	图 示
面团		
高筋面粉	250 克	
低筋面粉	50 克	
黄油	120 克	
水	130 克	
盐	8 克	
起酥油	145 克	备注：高筋面粉、低筋面粉、盐称在一起
馅料		
苹果	1000 克	
黄油	50 克	
砂糖	100 克	
杏仁粉	100 克	
葡萄干	100 克	
肉桂粉	6 克	
装饰		
蛋黄	50 克	

2）工艺流程

削皮切丁→苹果翻炒→翻炒离火→加粉搅拌→搅拌成团→冷藏松弛→包入油酥→擀制面团→折叠冷藏→擀长冷冻→压面擀薄→成形划纹→烘烤出炉→成品。

3）操作步骤

苹果国王饼操作步骤一览表如表7-5所示。

表7-5　苹果国王饼操作步骤一览表

步　骤	制　作　方　法	图　示
削皮切丁	将苹果削皮，切成小丁备用	
苹果翻炒	将黄油和砂糖炒至焦黄后加入苹果丁，翻炒，将苹果丁炒出水分，加入葡萄干，继续翻炒	
翻炒离火	加入肉桂粉进行翻炒，水干后离火	
加粉搅拌	稍微凉了后加杏仁粉，搅拌均匀	
搅拌成团	调制水面团，将高筋面粉、低筋面粉、盐、黄油、水倒入和面机内，慢速搅拌成面团	
冷藏松弛	将面团从和面机中取出放置在案台上，用手稍揉至表面光滑，并整理成长方形，放在撒有面粉的平盘内，封上保鲜膜，放入冰箱内冷藏30分钟让面团松弛（放入冰箱使面团松弛是为了后续易于擀制成形）	

续表

步　骤	制 作 方 法	图　示
包入油酥	先将水面团用起酥机压长,再将起酥油擀成水面团长度的一半,宽度一致,放在水面团中间	
擀制面团	用水面团包裹住油面团,再用起酥机擀长	
折叠冷藏	去掉两边多余的部分,对折成 3 层,再擀成长条形,再折 3 层,放冰箱冷藏两个小时以上	
擀长冷冻	取出再擀长,折 4 层,冷冻 1 小时以上备用	
压面擀薄	将清酥面团从冰箱里拿出化软后,用起酥机开成 3 毫米厚的长方片	
成形划纹	借助慕斯圈用分刀刻出想要的大小,将馅料放入圆形面皮上,再盖上一层圆形面皮,面皮之间刷蛋黄液,按压黏合好,冷冻半小时,拿出回温后,在表面刷蛋黄液、划花纹	
烘烤出炉	入炉烘烤,以上火 220℃、下火 210℃烘烤 40 分钟左右,看状态,烤至颜色金黄后出炉	
产品特点	外酥内软,层次分明,颜色金黄,花纹清晰	

5. 指点迷津

(1)防止制品表面色泽过深而制品未熟的常用方法:当制品已上色,而制品内部还未熟时,可以在制品上面盖上一张牛皮纸或油纸,以便使制品在炉内能均匀膨胀,当制品不再继续膨胀时,就可以将纸拿下,改用中火继续将制品烤熟。

（2）在烘烤制品的过程中，不要随意打开炉门，尤其是在制品受热膨胀阶段，因为制品是完全靠蒸气胀大体积的。炉门打开后，蒸气会大量溢出，正在膨胀的制品便不会再膨胀，甚至会开始收缩。

（3）制品烘烤定型后，将烤箱的温度调整为210℃～215℃，在不影响制品膨胀的前提下，使面坯充分成熟。烤箱的温度根据具体情况进行设定，这里的温度仅做参考。

（4）要在确认制品已从内到外完全成熟后，才可出炉，否则制品内部未完全成熟，出炉后会很快收缩，内部会形成像橡皮一样的胶质，严重影响成品质量。

6. 任务评价

通过本任务的学习，填写任务评价表，如表7-6所示。

表7-6　任务评价表

项　目	自我评价			小　组　评　价	教　师　评　价
	A	B	C		
市场调研 同类产品					
实践任务					

7. 学习与巩固

（1）混酥类点心和清酥类点心的区别在于基础面团和 _____ 的不同。

（2）在烘烤制品的过程中，不要随意 _____ 炉门，尤其是在制品受热膨胀阶段，因为制品是完全靠蒸气胀大体积的。